产品创新设计与数字化制造技术技能人才培训教材

产品装配调试技术

人力资源和社会保障部教育培训中心
机械工业教育发展中心　组编

主　编　曹怀明　刘加勇

副主编　甘卫华　韩媛媛　张　奕

参　编　李春光　江　伟　韩富平

　　　　许石英　王　蕾

主　审　周明虎　宋燕琴

机械工业出版社

本书以北京启智天空科技有限公司所开发的"雷鸟"四旋翼无人机实训套件和北京三维博特科技有限公司开发的 T600 模块化并联臂 3D 打印机实训套件作为载体,设置了两个独立的实践项目,对典型无人机和 3D 打印机的装配、调试与运行过程进行了分步阐释。

通过学习项目一,学生可掌握无人机飞行原理、机电一体化部分的组成和相关工具的使用,可独立进行无人机的装配与调试;通过学习项目二,学生可掌握并联臂 3D 打印机的工作原理及相关工具的使用,可独立进行并联臂 3D 打印机的装配与调试。

本书内容均来自企业生产和培训实例,打破了传统的理论教学模式,采用项目编写体例,图文并茂,易于理解,实用性强,可作为高职高专院校、中等职业学校、技工学校、相关专业的教材,也可供企业技术人员岗位培训使用。

本书配有电子课件,凡使用本书作为教材的教师可登录机械工业出版社教育服务网(http://www.cmpedu.com)注册后免费下载,咨询电话010-88379375。

图书在版编目(CIP)数据

产品装配调试技术/曹怀明,刘加勇主编. —北京:机械工业出版社,2020.5

产品创新设计与数字化制造技术技能人才培训教材

ISBN 978-7-111-64806-2

Ⅰ.①产… Ⅱ.①曹…②刘… Ⅲ.①无人驾驶飞机-装配(机械)-技术培训-教材②无人驾驶飞机-调试方法-技术培训-教材③立体印刷-打印机-装配(机械)-技术培训-教材④立体印刷-打印机-调试方法-技术培训-教材 Ⅳ.①V279②TS853

中国版本图书馆 CIP 数据核字(2020)第 030297 号

机械工业出版社(北京市百万庄大街 22 号 邮政编码 100037)
策划编辑:王 丹 责任编辑:王 丹
责任校对:李 杉 封面设计:鞠 杨
责任印制:郜 敏
河北鑫兆源印刷有限公司印刷
2020 年 4 月第 1 版第 1 次印刷
184mm×260mm·7 印张·183 千字
0001—1500 册
标准书号:ISBN 978-7-111-64806-2
定价:23.00 元

电话服务 网络服务
客服电话:010-88361066 机 工 官 网:www.cmpbook.com
      010-88379833 机 工 官 博:weibo.com/cmp1952
      010-68326294 金 书 网:www.golden-book.com
封底无防伪标均为盗版 机工教育服务网:www.cmpedu.com

产品创新设计与数字化制造技术技能人才培训教材
编写委员会

组　　长：蔡启明　陈晓明

副组长：陈　伟　房志凯

组　　员：杨伟群　宫　虎　牛小铁　滕宏春　顾春光

　　　　　宋燕琴　鲁储生　张玉荣　孙　波　谢　鬶

　　　　　郑　丹　王英杰　易长生　栾　宇　张　奕

　　　　　刘加勇　金巍巍　王维帅

序

产品创新设计与数字化制造技术技能人才培训，是在人力资源和社会保障部教育培训中心、机械工业教育发展中心和全国机械职业教育教学指导委员会的共同指导下开发的高端培训项目，是贯彻落实《国务院关于加快发展现代职业教育的决定》《现代职业教育体系建设规划（2014-2020年）》《高等职业教育创新发展行动计划（2015-2018年）》《机械工业"十三五"发展纲要》和《技工教育"十三五"规划》有关精神，加快培养《中国制造2025》和"大众创业、万众创新"所需的创新型技术技能人才的重要举措，也是应对中国制造向"服务型制造"转型升级所需人才培训的一种尝试。

"产品创新设计与数字化制造"高端培训项目综合运用多种专业软件，进行产品数字化设计，建立产品数字信息模型；根据加工要求，协同运用增材制造和减材制造，完成产品的零部件加工并进行精度检测；按照装配工艺，完成零部件的协同装配和调试，并进行产品的功能验证与客户体验。从技术角度看，"产品创新设计与数字化制造"高端培训项目从"设计、加工"到"装调、验证"，从"传统单一的加工制造"到"数字化设计制造"，应用了多项数字化专业技术，涵盖了产品开发的全过程。从培训角度看，"产品创新设计与数字化制造"高端培训项目立足产业前沿技术，对接岗位需求，将企业多个传统工作岗位有机结合起来，改变了培训模式，实现了师生"DIY协同创课"和"工学一体"的结合，开发出了一个贯穿产品全生命周期的人才培训培养模式。

"产品创新设计与数字化制造"高端培训项目主要面向机械制造类企业和未来3D技术、数字信息技术衍生的新兴产业；针对正在从事或准备从事产品三维数字化设计，三维数据采集与处理，快速成型（3D打印），多轴数控机床编程、仿真与操作，精密检测和产品装配调试等工作岗位的技术人员及本科院校、高等职业院校、中等职业学校、技工学校的在校师生，专门开展岗位职业能力培训；旨在培养具备数字化创新设计、逆向工程技术、3D打印技术、多轴加工技术、精密检测技术和产品装配调试技术等综合技术能力的"创新型、复合型"技术技能人才。

"产品创新设计与数字化制造"高端培训项目按照"开发培训资源—开展师资培训—建立培训基地—组织创新大赛—培养创新人才"的建设路径，逐步推进培训项目的建设工作，目前已开发完成了"产品创新设计与数字化制造"培训技术标准、培训基地建设标准、培训方案、培训大纲和规划教材，开设了"产品数字化设计与3D打印""产品数字化设计与多轴加工"和"产品数字化设计与装配调试"三个高端培训模块，编写了《产品数字化设计》《逆向工程技术》《3D打印技术》《多轴加工技术》《精密检测技术》和《产品装配调试技术》6本培训配套规划教材，开设了全国高级师资培训班并颁发了配套培训证书。

培训资源的开发，得到了人力资源和社会保障部教育培训中心、机械工业教育发展中心和全国机械职业教育教学指导委员会的全程指导，得到了天津安卡尔精密机械科技有限公司、南京宝岩自动化有限公司、北京数码大方科技股份有限公司、北京新吉泰软件有限公司、北京三维博特科技有限公司、海克斯康测量技术（青岛）有限公司、北京达尔康集成系统有限公司、北京习和科技有限公司和珠海天威飞马打印耗材有限公司等企业的大力支持，以及北京航空航天大学、天津大学、北京工业职业技术学院、北京电子科技职业学院、南京工业职业技术学院、北京市工贸技师学院、广州市机电技师学院、北京金隅科技学校、安丘市职业中等专业学校、承德高新技术学院和机械工业出版社等单位的积极配合。本项目规划教材是院校专家团队和行业企业专家团队共同合作的成果，在此对编者和相关人员一并表示衷心的感谢。相信本项目规划教材的出版，必将为我国产品创新设计与数字化制造技术技能人才的培养做出贡献。

　　本项目规划教材适用于机械制造类企业和未来 3D 技术、数字信息技术衍生的新兴产业开展相关岗位专业技术人员培训，适用于本科院校、高等职业院校、中等职业学校和技工学校在校师生开展相关岗位职业能力培训，也适用于开设有机电类专业的各类学校开展相关专业学历教育的教学，并可供其他相关专业师生及工程技术人员参考。

　　限于篇幅与编者水平，书中不妥之处在所难免，恳请广大读者提出宝贵修改意见。

编写委员会

前言

　　《中国制造2025》提出，坚持"创新驱动、质量为先、绿色发展、结构优化、人才为本"的基本方针。产品装配调试作为设计、生产、检验等环节的整合、沟通步骤，具有综合的指导意义。掌握好产品装配、调试技术，有利于降低生产经营成本，提高质量，学生自身可实现技能提升、激发创新精神。

　　本书采用项目式编写体例，整理了企业培训的两大实操案例，整体阐述产品装配调试过程，对各步骤进行简明阐释。

　　项目一"四旋翼无人机装配与调试"，主要内容为典型四旋翼无人机的组装与调试，主要分为硬件组装、软件安装、参数调试与试飞四个部分，其中，硬件组装为主要的操作技能训练与学习重点。通过本项目的学习，学生可掌握无人机飞行原理、机电、一体化部分的组成和相关工具的使用，可独立进行无人机的装配与调试。

　　项目二"并联臂3D打印机装配与调试"，重难点在于打印头与挤出机的安装，应仔细核对所需零件及安装步骤，按正确顺序、零件正确位置组装相应模块。通过练习装配T600并联臂3D打印机，学生可了解3D打印机装配与调试的工艺流程，并能够解决3D打印机装调中出现的问题。

　　两个项目实例均来自企业生产和培训实例，具有良好的操作性和应用性。学生通过反复的操作学习，可掌握产品装配调试的知识与基本技能，加深对产品创新、协同制造的理解，为日后的上岗工作奠定良好的技能基础。

　　本书由曹怀明（机械工业教育发展中心）、刘加勇（机械工业教育发展中心）担任主编，甘卫华（北京市工贸技师学院）、韩媛媛（北京习和科技有限公司）、张奕（人力资源和社会保障部教育培训中心）担任副主编，李春光（北京市工贸技师学院）、江伟（中航国际航空发展有限公司）、韩富平（北京市工贸技师学院）、许石英（天津安卡尔精密机械科技有限公司）、王蕾（北京汇天威科技有限公司）参与编写，周明虎（南京工程学院）、宋燕琴（北京市工贸技师学院）担任主审。本书的编写得到了人力资源和社会保障部教育培训中心、机械工业教育发展中心、全国机械职业教育教学指导委员会的全程指导。合作企业北京启智天空科技有限公司和北京三维博特科技有限公司提供了项目实操案例和技术支持，在此深表谢意。

　　限于作者的知识水平和经验，书中难免存在错误或疏漏之处，恳请广大读者提出宝贵意见和修改建议，以便不断完善。

编　者

目录

项目一 四旋翼无人机装配与调试

随着应用范围的扩大，无人机逐渐成为近年来备受关注的高科技产品之一。本项目以北京启智天空科技有限公司所开发的"雷鸟"四旋翼无人机实训套件为载体，进行装配与调试步骤介绍，并拓展实现无人机基于光流传感器的全自主飞行。学生在完成本项目后，将掌握飞行原理和机电一体化思路，并能够熟练使用相关工具来独立进行无人机的装配与调试。

学习目标

1. 了解无人机装配与调试的工艺流程。
2. 掌握四旋翼无人机的装配与调试。
3. 能够解决四旋翼无人机装调过程中出现的问题。
4. 熟练掌握焊台、螺钉旋具、热熔胶枪等工具的使用。
5. 熟悉四旋翼无人机的电路控制原理及调试。
6. 掌握光流传感器与无人机的结合。

任务1 了解四旋翼无人机的组成

任务描述

了解四旋翼无人机的整体结构和配件组成，能够识别并说明各个组件的功能。

相关知识

四旋翼无人机的主要组件包括无刷电动机、电子调速器、飞行控制板、遥控器及接收机、动力电池、机架（机臂、上下底板）、螺旋桨等；主要配件包括视觉模块、航模电池、扎带等。

一、无刷电动机

无刷电动机由电动机主体和驱动器组成，是一种典型的将电能转换为机械能的机电一体化产品。无刷电动机具有无电刷、低干扰、噪声低、运转顺畅、寿命长、维护成本低等优点。

无刷电动机采用半导体开关器件实现电子换向，即用电子开关器件代替传统的接触式换向器和电刷。它具有可靠性高、无换向火花、机械噪声低等优点，广泛应用于高档录音座、录像机、电子仪器及自动化办公设备中。

二、电子调速器

1. 电子调速器简介

电子调速器（简称电调）是一种控制发电机转速的控制装置。它根据接收到的电信号，通过控制器和执行器来改变供电量的大小。

电调的作用：将飞行控制板的控制信号转变为电流的大小，以控制电动机的转速。通常电动机的电流是很大的，电动机正常工作时，平均电流为 3A 左右，如果没有电调，飞行控制板根本无法承受这样大的电流，也没有驱动无刷电动机的功能。同时，电调在四旋翼无人机当中还充当了电子变换器的作用，将 11.1V 的电压变为 5V，为飞行控制板和遥控器接收机供电。

电调上标有工作电流，如 20A、40A，这个参数表示电调能够提供的电流。大电流的电调可以兼容用在小电流的场合，但小电流电调不能超标使用。

2. 电子调速器编程

电调是有多种功能模式的，选择实现具体功能需要对电调编程。编程途径：

1）可以直接将电调连接至遥控接收机的油门输出通道（通常是 3 通道），按说明书在遥控器上通过扳动摇杆进行设置。

2）还可以通过厂家对应的编程卡（需要单独购买）来进行设置，这种方法简单，无须接遥控器。保险起见，一定要将购买的电调设置一致，否则难以控制。

需要注意的是，通过遥控器设置电调时，一定要接上电动机，因为说明书上所说的"滴滴"类的声音，是通过电动机发出来的。

3. 电子调速器的选择

选择电调时一定要了解该款电调的功率，另外还要看电调与电动机的兼容性。电调并不能兼容所有电动机，它必须根据电动机的功率等参数来进行选择。实际情况是，许多品牌的电调并不是足功率足电流的，比如工作电流是 60A 的电调，可能到 55A 就无法再往上调了，所以选择电调时一定要向供应商问清楚是否足功率。选择低于电动机功率的航模电调会导致电调功率管烧坏，因此功率是航模电调选择的重要指标。

电调有快速响应和慢速响应的区别，四旋翼无人机需要快速响应的电调，对于大多数常见电调，可通过编程来设置响应速度。

4. 电子调速器的连接

1）电调的输入线与电池连接。

2）电调的三根输出线与电动机连接（对调任意两根可实现电动机反转）。

3）电调的信号线与接收机连接。

另外，电调一般有电源输出功能，即，在信号线的正负极之间有 5V 左右的电压输出，通过信号线为接收机供电，接收机再为舵机等控制设备供电。通常，电调的输出为 3~4 个舵机供电是没问题的。因此，无人机一般都不需要单独为接收机供电，除非舵机数量很多或对接收机电源有很高的要求。

三、飞行控制板

1. 飞行控制板的用途

现在的飞行控制板通常都带有电子陀螺仪、磁罗盘、加速度计、气压计等传感器。在姿态稳定的模式下，通过软件算法解析飞行器姿态，可修正由于飞行器安装、外界干扰、零件之间不一致等原因造成的姿态异常，帮助保持稳定状态。一些安装有 GPS 的飞行控制板还可以在遥控失控等特殊情况下自动返回起飞点。例如，无人机右边力量大、向左倾斜时，就减弱右边电流输出，则电动机变慢、升力变小，自然就不再向左倾斜。

2. Pixhawk 飞行控制板

开源飞行控制板中，多旋翼无人机首选 Pixhawk 飞行控制板，如图 1-1 所示。其代码充分开源，功能强大，有超声波定高模式与气压定高模式，并且这两种传感器在小于等于 2m 的高度是无缝切换的，定高的操作也非常方便，只需要打开定高开关，当油门不动时，就进入定高。

四、遥控器

遥控器通道数量就是可以遥控控制的动作路数，例如，如果遥控器只能控制四轴飞行器上下飞行，那么就是一个通道。但四旋翼无人机通常需要控制的动作有：上下、左右、前后、旋转。所以，一架典型无人机的遥控器会拥有四个最基本的遥控（RC）功能：分别控制方向舵、升降舵、油门和副翼；这就需要四个通道来控制，一般是：一通道控制副翼，二通道控制升降舵，三通道控制油门，四通道控制方向舵。

同时，无人机遥控的通道数量没有严格的规定，它只是单纯地由无人机本身来决定。更复杂的无人机还会对起落架、襟翼（第二副翼）、降落指示灯、降落伞以及照相机等进行操作，这就需要更多的通道支持。

图 1-1　Pixhawk 飞行控制板

五、锂电池

1. 锂电池的特点

锂电池能量比比较高，具有高储存能量密度，可达到 $460 \sim 600 W \cdot h/kg$，是铅酸电池的 $6 \sim 7$ 倍。具体特点如下：

1）使用寿命长。可达到 6 年以上，例如，以磷酸亚铁锂为正极的电池用 1C（100%DOD）充放电，已达到使用 10000 次的纪录。

2）额定电压高。单体工作电压为 3.7V 或 3.2V，约等于 3 只镍镉或镍氢充电电池的串联电压，便于组成电池电源组。

3）具备高功率承受力。例如，磷酸亚铁锂锂离子电池可以达到 $15 \sim 30C$ 充放电的能力，便于高强度地起动加速。

4）自放电率很低。这是锂电池最突出的优越性之一，目前一般可做到每月 1% 以下，不到镍氢电池的 1/20。

5）质量轻。相同体积下质量约为铅酸电池的 $1/6 \sim 1/5$。

6）高低温适应性强。可以在 $-20 \sim 60℃$ 的环境下使用，经过工艺处理，可以在 $-45℃$ 环境下使用。

7）绿色环保。不论生产、使用还是报废，都不含有也不产生任何铅、汞、镉等有害重金属元素和物质。

2. 电池的容量和数量

电池容量的计量单位是 $mA \cdot h$，例如，对于 $1000mA \cdot h$ 的电池，如果以 1000mA 的电流放电，可持续放电 1h。如果以 500mA 的电流放电，可以持续放电 2h。

电池上 2s、3s、4s 等标签代表锂电池的节数，一节锂电池的标准电压为 3.7V，满电电压为 4.2V，那么标签 2s 就是代表有 2 节 3.7V 电池，标准电压为 7.4V，满电电压为 8.4V，依次类推。

3. 锂电池充、放电能力

动力锂电池需要很大的电流放电，电池放电能力用放电 C 倍率表示。例如，$1000mA \cdot h$ 电池的标准放电倍率为 5C，那么得出电池可以以 5000mA（$1000mA \cdot h$ 的 5 倍率）的电流强度放电。需要注意的是，如果用低 C 倍率、大电流放电，电池会迅速损坏，甚至自燃。

锂电池充电能力的表示方法与放电能力表示方法相同，只是放电变成了充电，例如，$1000mA \cdot h$ 电池，2C 快充，就代表可以用 2000mA 的电流来充电。需要注意，千万不可图快贸然用大电流，超过规定参数充电，电池很容易损坏。

4. 锂电池平衡充电

标签为 3s 的电池，内部是 3 节锂电池，因为制造工艺的原因，没办法保证每节电池完全一致，充电、放电特性都有差异，电池串联的情况下，就容易造成某节或某些电池放电过度或充电过度、充电不饱满等，所以解决办法是分别对内部单节电池充放电。动力锂电池都有两组线，一组是输出线（2根），另一组是单节锂电池的引出线（与电池数量有关），充电时按说明书都插入充电器内，就可以进行平衡充电了。

六、螺旋桨

1. 螺旋桨型号的含义

螺旋桨的型号有4位数字，前面2位代表螺旋桨的直径（单位：in，$1in=254mm$），后面2位表示螺旋桨的角度。

2. 正反桨

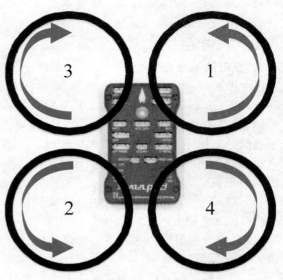

四轴飞行为了抵消螺旋桨的自旋扭矩，相邻桨的旋转方向是不一样的，即正反桨。图1-2所示为螺旋桨转动方向。正、反桨的风都向下吹。CW（Clock wise 的缩写），表示顺时针旋转方向；CCW（Counter-Clockwise 的缩写），表示逆时针旋转方向。安装时，无论正、反桨，有字的一面是向上的（桨叶圆润的一面要和电动机旋转方向一致）。如图1-2所示，将标有"CCW"的螺旋桨安装到1号和2号电动机，将标有"CW"的螺旋桨安装到3号和4号电动机。

图 1-2　螺旋桨转动方向

3. 电动机与螺旋桨的搭配

电动机与螺旋桨的搭配比较复杂，应视具体情况而定，但原理是一样的，具体关系如下：

1）螺旋桨越大，产生的升力就越大，所以对应需要更大的力量来驱动。

2）螺旋桨转速越高，产生的升力越大，也需要更大的驱动力。

3）电动机的KV值，即电动机的转速（空载）越小，转动力量就越大。

4）如果以高KV值电动机带动大桨，则力量不够，实际还是低速运转，电动机和电调很容易烧坏。如果以低KV值电动机带动小桨，完全没有问题，但升力不够，可能无法起飞。

综上所述，大螺旋桨需要用低KV值电动机，小螺旋桨就需要搭配高KV值电动机（因为需要用转速来弥补升力不足）。例如，常用1000kV的电动机配10in左右的桨。

自测题

1. 选择电动机时需要注意哪些问题？

2. 电子调速器的安装需要注意什么？

3. 飞行控制板的主要功能有哪些？

任务2　了解四旋翼无人机装调的工艺流程

任务描述

根据图1-3所示的四旋翼无人机装调工艺流程图，认识套件和工具并检查配件和工具是否齐全。

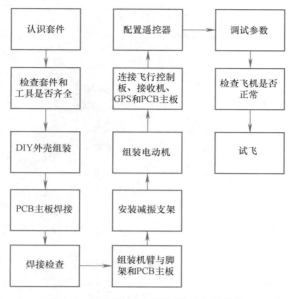

图 1-3　四旋翼无人机装调工艺流程图

任务实施

一、认识套件

1）如图 1-4 所示，无人机的 3D 打印机壳包含 3D 打印上外壳中心部件与 3D 打印上机臂，为了让大家更好地积累动手制作经验，机壳允许一定范围内的自主创新设计。

2）如图 1-5 所示，无人机机架包含主板、机臂、挂载板和脚架。

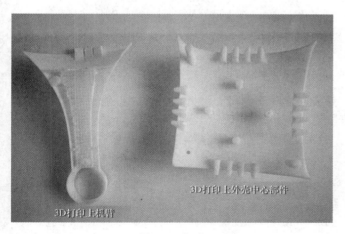

图 1-4　机壳

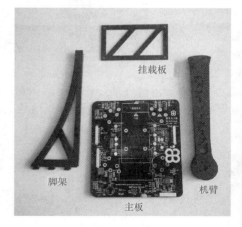

图 1-5　机架

3）如图 1-6 所示，无人机动力系统包含螺旋桨、电子调速器、电动机、动力电池。

4）如图 1-7 所示，无人机控制系统包含遥控器、接收机、数传、飞行控制器和 GPS。

5）如图 1-8 所示，无人机零部件包含安全开关和 3pin 插针。

6）如图 1-9 所示，无人机线束包含 PH2.54 信号线、GH1.25 信号线、输出拓展线和电源线。

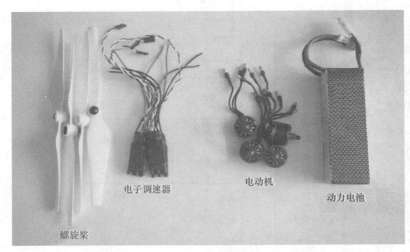

图 1-6　动力系统

电子调速器　　电动机　　动力电池　　螺旋桨

图 1-7　控制系统

接收机　　数传　　飞行控制器　　GPS　　遥控器

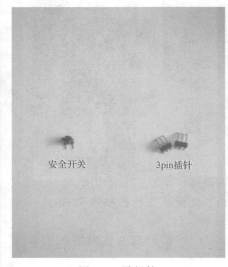

安全开关　　3pin插针

图 1-8　零部件

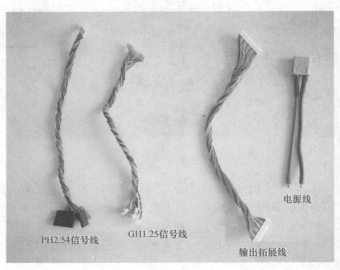

PH2.54信号线　　GH1.25信号线　　输出拓展线　　电源线

图 1-9　线束

7）如图 1-10 所示，无人机固定件包含 M3 铜柱（单头 45mm、双通 30mm）、减振支架、手拧螺钉、螺母（M3）和螺栓（M3）。

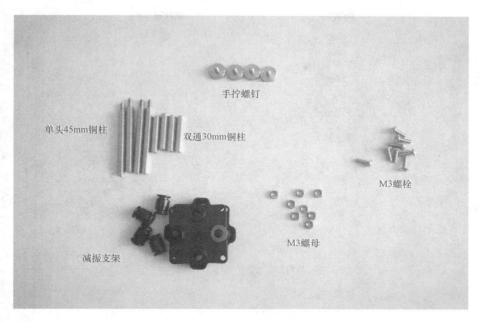

图 1-10 固定件

8）如图 1-11 所示，无人机装配工具包含钳子、防静电镊子、2mm 内六角螺钉旋具和焊台（恒温烙铁、烙铁支架、放大镜）。

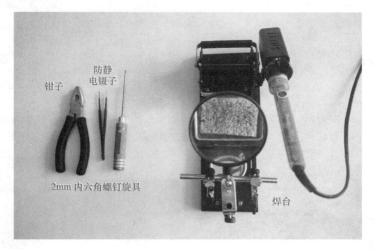

图 1-11 装配工具

9）图 1-12 所示的万用表用来检测 PCB 主板的焊接情况。

10）图 1-13 所示的热熔胶枪用来固定飞行控制板、GPS、接收机和数传等部件。

11）图 1-14 所示的电调校准线用来对电子调速器进行校准。

12）图 1-15 所示为光流模块，它是实现无人机在室内无 GPS 模式下自主飞行的重要部件。

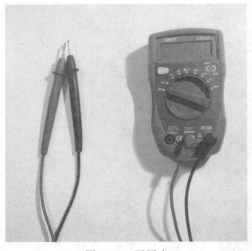

图 1-12　万用表

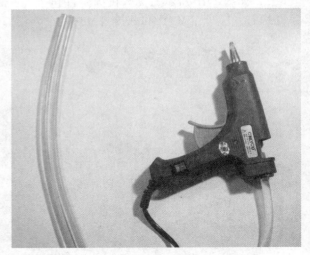

图 1-13　热熔胶枪

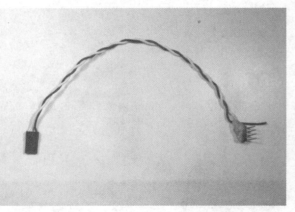

图 1-14　电调校准线

图 1-15　光流模块

13）图 1-16 所示为 USB 数据线，它用来连接无人机和计算机。

14）图 1-17 所示为蜂鸣器，它主要用来放大无人机发出的提示音的响度。

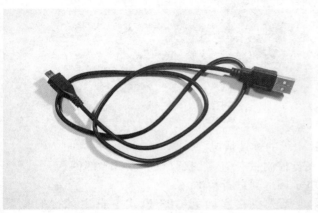

图 1-16　USB 数据线

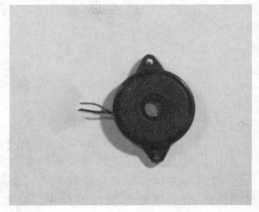

图 1-17　蜂鸣器

二、前期检查

1. 检查元器件（表 1-1）

表 1-1　四旋翼无人机元器件清单

序号	器件名称	器件参数	数量	是否齐全	备注
1	3D 打印上外壳中心部件	QZDIYWK	1		
2	3D 打印上机臂	QZDIYJB	4		
3	机臂	CNC 碳纤维板	4		
4	脚架	CNC 碳纤维板	4		
5	挂载板	CNC 碳纤维板	1		
6	主板	一体化集成主板	1		
7	螺旋桨	9450	4		
8	电子调速器	20A 无刷电调	4		
9	电动机	外转子无刷电机	4		
10	动力电池	5300mA·h 35C	1		
11	遥控器	FS	1		
12	接收机	Fsi10B	1		
13	数传	QZSC	2		
14	飞行控制器	Pixhawk	1		
15	GPS	NEO-M8N	1		
16	蜂鸣器	QZFMQ	1		
17	安全开关	QZKG	1		
18	3pin 插针	QZCZ	4		
19	PH2.54 信号线	PH2.54	1		
20	GH1.25 信号线	GH1.25	1		
21	输出拓展线	QZ 拓展线	1		
22	电源线	QZbt	1		
23	USB 数据线	QZUSB	1		
24	电调校准线	QZDTJZ	1		
25	减振支架	QZJZJ	1		
26	螺母	M3	20		
27	螺栓Ⅰ	M3×6 内六角圆头	24		
28	螺栓Ⅱ	M3×12 内六角圆头	16		
29	铜柱Ⅰ	45mm 单头螺栓	4		
30	铜柱Ⅱ	30mm 双头螺纹孔	4		
31	手拧螺钉	M3×10	4		
32	光流模块	Pixflow	1		

1

PROJECT

2. 检查配件（表 1-2）

表 1-2　仪器仪表明细表

序号	名称	型号	数量	是否齐全	备注
1	钳子	QZQZ	1		
2	2.0mm 内六角螺钉旋具	H2.0mm	1		
3	防静电镊子	QZNZ	1		
4	恒温烙铁	QZLT	1		
5	烙铁支架	QZZJ	1		
6	放大镜	QZFDJ	1		
7	热熔胶枪	QZRRJQ	1		
8	万用表	力德	1		

3. 检查工艺过程（表 1-3）

表 1-3　工艺过程表

工位顺序	作业内容摘要	是否完成	备注
1	认识元器件、配件和部件		
2	检查元器件并填写表 1-1		
3	检查配件并填写表 1-2		
4	填写工艺过程表 1-3		
5	填写工时消耗定额表 1-4		
6	填写材料消耗定额表 1-5		
7	拆除 3D 打印上机臂的内部支撑		
8	组装 3D 打印机壳		
9	PCB 主板镀锡		
10	3pin 插针焊接		
11	安全开关焊接		
12	蜂鸣器焊接		
13	电源线焊接		
14	电调焊接		
15	主板测试		
16	组装机臂和脚架		
17	组装机臂和 PCB 主板		
18	组装减振支架		
19	安装电动机		
20	电调和电动机插接		
21	电调信号线插接		
22	GH1.25 信号线插接		
23	PH2.54 信号线插接		
24	数传插接		

1 PROJECT

（续）

工位顺序	作业内容摘要	是否完成	备注
25	GPS 插接		
26	GPS 固定		
27	组装机壳与机架		
28	遥控器配置		
29	MissionPlanner 地面站安装		
30	无人机与 MissionPlanner 地面站连接		
31	机架类型选择		
32	加速度计校准		
33	指南针校准		
34	遥控器校准		
35	电子调速器校准		
36	飞行模式设置		
37	故障保护设置		
38	电动机正反转测试		
39	试飞测试		
40	飞行操作训练		

4. 检查工时消耗定额（表 1-4）

表 1-4 工时消耗定额表

序号	工序名称	时长/min	组装的数量	实用时长/min	备注
1	认识元器件、配件、部件、仪器仪表、耗材	20	44		
2	检查元器件并填写表 1-1	18	32		
3	检查配件并填写表 1-2	20	8		
4	填写工艺过程表 1-3	25	40		
5	填写工时消耗定额表 1-4	18	40		
6	填写材料消耗定额表 1-5	30	4		
7	拆除 3D 打印上机臂的内部支撑	240	4		
8	组装 3D 打印机壳	190	4		
9	PCB 主板镀锡	10	20		
10	3pin 插针焊接	60	4		
11	安全开关焊接	50	1		
12	蜂鸣器焊接	20	1		
13	电源线焊接	60	1		
14	电调焊接	50	4		
15	主板测试	180	6		
16	组装机臂和脚架	220	4		
17	组装机臂和 PCB 主板	200	4		

（续）

序号	工序名称	时长/min	组装的数量	实用时长/min	备注
18	组装减振支架	600	1		
19	安装电动机	120	4		
20	电调和电动机插接	60	4		
21	电调信号线插接	15	4		
22	GH1.25 信号线插接	300	1		
23	PH2.54 信号线插接	180	1		
24	数传插接	20	1		
25	GPS 插接	20	1		
26	GPS 固定	40	1		
27	组装机壳与机架	240	1		
28	遥控器配置	360	1		
29	MissionPlanner 地面站安装	600	1		
30	无人机与 MissionPlanner 地面站连接	30	1		
31	机架类型选择	20	1		
32	加速度计校准	180	1		
33	指南针校准	300	1		
34	遥控器校准	120	1		
35	电子调速器校准	180	1		
36	飞行模式设置	60	1		
37	故障保护设置	60	1		
38	电动机正反转测试	30	4		
39	试飞测试	300	1		
40	实际飞行体验	180	1		

5. 检查材料消耗定额（表 1-5）

表 1-5　材料消耗定额表

序号	型号	名称	数量	是否足量	备注
1	改性丙烯酸环氧胶	AB 胶	1 组		
2	天津中亚,1.0mm	焊锡丝	50cm		
3	QZJB	热熔胶棒	1		
4	QZZD	扎带	8		

任务3　3D 打印外壳组装

 **任务描述**

　　利用钳子将 3D 打印上机臂的内部支撑拆除，并按照步骤利用 AB 胶将 3D 打印机壳和 3D 打印机臂组装起来。

任务实施

一、拆除 3D 打印机臂的内部支撑

1）如图 1-18 所示，用钳子将 3D 打印上机臂的内部支撑拆除。

2）如图 1-19 所示，用钳子将遗留的较小支撑清理干净。

具体操作方式：左手将 3D 打印机臂握住，右手拿起钳子，用钳子夹住 3D 打印机臂的支撑，稍用力挪动钳子，即可将其拆下。

请注意：在拆除 3D 打印机臂的内部支撑时，务必保证用力均匀和温和，避免用力过大将 3D 打印机臂拆破，造成不必要的损失。

3）其余三个机臂按照相同的操作完成。

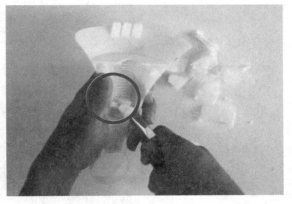

图 1-18　拆除 3D 打印上机臂内部支撑　　　　图 1-19　去除遗留下的支撑

二、组装 3D 打印机壳

1）图 1-20 所示为 AB 胶，AB 胶又称"302"。

2）如图 1-21 所示，将 AB 胶、3D 打印机壳和 3D 打印机臂准备好。

3）如图 1-22 所示，将 AB 胶按照 1∶1 的比例混合。

在挤出 AB 胶时，先将 A 胶挤出，再将 B 胶挤出（注意在挤出 B 胶时切勿将 B 胶的胶管口触到 A 胶，避免将 B 胶的出胶口堵塞），然后使用搅棒将 AB 胶搅拌均匀。

4）如图 1-23 所示，将混合后的 AB 胶均匀地涂抹到 3D 打印机臂的插槽上。

5）如图 1-24 所示，将涂抹好 AB 胶的 3D 打印机臂插接到 3D 打印机壳对应的凹槽中。

6）如图 1-25 所示，保持对接动作，大约保持 30s 等待 AB 胶凝固。

图 1-20　AB 胶

7）按照相同的操作，依次将其余三个 3D 打印机臂固定到 3D 打印机壳上。

请注意：AB 胶混合后 1min 左右将固化，因此在此过程中如果 AB 胶固化或者出现 AB 胶不足的情况，应重新按照 1∶1 的比例混合。

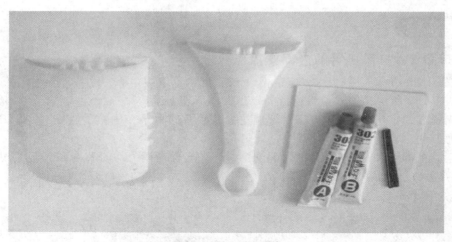

图 1-21　机臂组装

图 1-22　AB 胶水混合

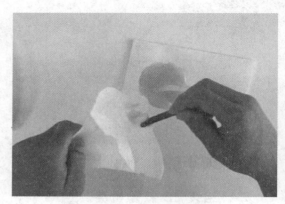

图 1-23　涂抹 AB 胶

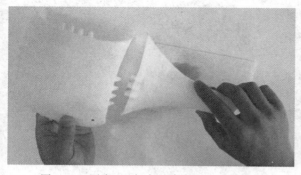

图 1-24　固定 3D 打印机壳和 3D 打印机臂

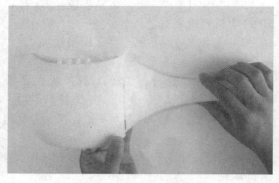

图 1-25　等待 AB 胶凝固

任务 4　PCB 主板焊接

任务描述

　　利用焊台、焊锡等工具将 3pin 插针、安全开关、蜂鸣器、电源线电调焊接到 PCB 主板上。

任务实施

一、PCB 主板镀锡

1）如图 1-26 所示，确定需要镀锡的焊点位置（20 处）。

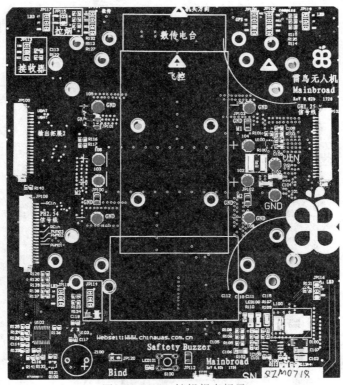

图 1-26　PCB 镀锡焊点标示

2）如图 1-27 所示，使用电烙铁和焊锡为 PCB 主板（图 1-26）的 20 个焊点镀锡。

图 1-27　PCB 主板镀锡

1

PROJECT

在使用电烙铁的过程中，首先将焊笔接上电源，然后打开焊台开关，将焊台的温度调节到420°。等到焊笔加热完毕后，一只手拿起电烙铁，用焊笔的笔尖触碰PCB主板的焊点，然后用另一只手将焊锡丝贴到焊笔上面，焊锡融化后会滴落到PCB主板的焊点上。在镀锡的过程中，尽量保证焊点镀锡后光滑和饱满，但应注意焊锡将焊点填充满即可，不要过多。

二、3pin插针焊接

1）如图1-28所示，将3pin插针插入镊子中，用镊子将3pin插针夹紧固定。使用焊笔给3pin插针较短的一端镀上少许焊锡，按照相同的方法为四个3pin插针镀锡。

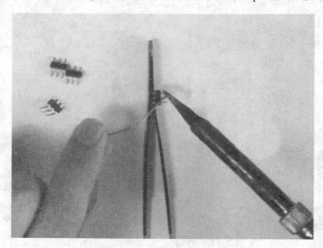

图 1-28　3pin 插针镀锡

2）如图1-29所示，将3pin插针焊接到PCB主板上对应位置。其中，GND焊点焊接两个插针，M1焊点焊接一个插针。在焊接的过程中，应保证焊点之间是独立未连通的。

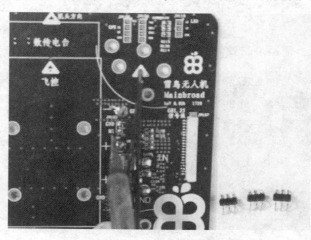

图 1-29　3pin 插针焊接

请注意：焊接完成后可用镊子稍微触碰3pin插针，检查是否有虚焊的现象。如果在触碰过程中插针有松动，则说明焊接不牢固，应重新焊接此焊点。

三、安全开关焊接

1）如图1-30所示，在焊接安全开关时，首先将安全开关从PCB主板的背面插入PCB主板上的"Safety"端口（即图 1-31 主板中的"Saftety"端口，属主板印刷错误）。在插入的过程中注意四个针脚应同时插入，从而避免针脚损坏。

2）如图 1-31 所示，安全开关安装完毕后，将 PCB 主板翻到正面，加焊锡对其进行固定。在焊接安全开关时，注意一定是将安全开关从主板背面插入焊接，而且在用焊锡对其进行固定时，一定要保证四个焊点之间没有连接在一起。

图 1-30　插入安全开关

图 1-31　安全开关焊接

四、蜂鸣器焊接

1）如图 1-32 所示，将蜂鸣器的红线焊接到 PCB 主板的"Buzzer"焊点上面，其中，"Buzzer"焊点焊接红线，"JP112"焊点焊接黑线。为避免短路，在焊接红黑线时，务必保证两根线的焊点没有连接到一起。

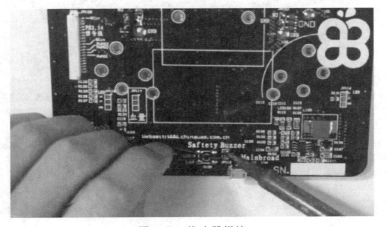

图 1-32　蜂鸣器焊接

1

PROJECT

2）如图 1-33 所示，因为蜂鸣器的信号线比较细，焊点比较脆弱，所以在蜂鸣器焊接完成后应用热熔胶枪将蜂鸣器对应的焊点加固，避免短路。

图 1-33　焊点加固

使用热熔胶枪的步骤和注意事项如下：

1）将热熔胶枪的插头插接到 220V 电源的插座上。

2）将热熔胶棒插入热熔胶枪中。

3）打开热熔胶枪的开关。

4）大约 1min 后，热熔胶枪就可以使用了。

5）因为热熔胶枪温度较高，在使用时应避免皮肤直接接触热熔胶。

五、电源线焊接

1）如图 1-34 所示，使用焊台和焊锡将电源线焊接到 PCB 主板靠近"启智"白色标志的位置，"VIN"焊点焊接红线，"GND"焊点焊接黑线。

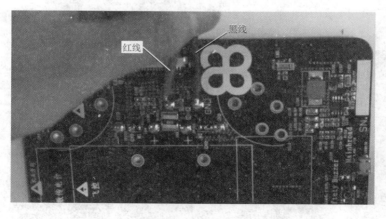

图 1-34　电源线焊接

2）如图 1-35 所示，在焊接过程中，使电源线与 PCB 主板保持大约 30°的夹角，方便后期电源线与动力电池的焊接。

请注意：电源线的正负极一定不要焊错；焊接一定要牢固，焊锡不要太少，不要出现虚焊（虚焊与假焊都是指焊件表面没有充分镀上锡层，焊件之间没有被焊锡固定住）；要确保焊接处不能被轻易拉断，同时保证两个焊点间不会短路。

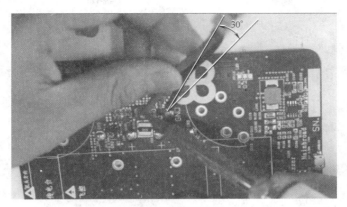

图 1-35　电源线焊接角度

六、电调焊接

如图 1-36 所示，将电调的红线焊接到标有"＋"号的焊点，黑线焊接到标有"－"号的"GND"焊点；然后依次将其他三个电调焊接到 PCB 主板对应的焊点上。

图 1-36　电调焊接

请注意：电调电源线的正负极一定不要焊错，焊接要求与电源线焊接相同。

任务 5　PCB 主板焊接检查

任务描述

用万用表蜂鸣器档测试焊接后的主板是否有短路情况。

任务实施

一、万用表调试准备

1）如图 1-37 所示，将万用表表盘箭头旋转到蜂鸣器档。

2）如图 1-38 所示，将红、黑表笔短接，能够听到"滴滴"的声响，同时屏幕数字不为"1"，说明万用表工作正常。

请注意：万用表属于测量仪器，应详细阅读说明书后严格按照要求使用。不要在万用表

PROJECT 1

图 1-37　万用表蜂鸣器档位

图 1-38　万用表测试

处于蜂鸣器档、电阻档、电流档时将红、黑表笔插到 220V 电插座中，避免造成设备损坏，甚至人身伤害。

二、主板测试

1）如图 1-39 所示，将已经焊接完毕的主板放置于不导电的桌面上，明确测试点。

图 1-39　测试点标识

1

PROJECT

2）将万用表黑表笔接触在 A1 所指焊点上，然后将红表笔依次接触 A2、A3 所指焊点，万用表未发出"滴滴"的声音，则表示焊点 A1、A2、A3 焊接正确；如果万用表发出"滴滴"的响声，则说明此处焊接失败。

3）将万用表黑表笔接触在 B1 所指焊点上，然后将红表笔依次接触 B2、B3 所指焊点，万用表未发出"滴滴"的声音，则表示焊点 B1、B2、B3 焊接正确；如果万用表发出"滴滴"的响声，则说明此处焊接失败。

4）将万用表黑表笔接触在 C1 所指焊点上，然后将红表笔依次接触 C2、C3 所指焊点，万用表未发出"滴滴"的声音，则表示焊点 C1、C2、C3 焊接正确；如果万用表发出"滴滴"的响声，则说明此处焊接失败。

5）将万用表黑表笔接触在 D1 所指焊点上，然后将红表笔依次接触 D2、D3 所指焊点，万用表未发出"滴滴"的声音，则表示 D1、D2、D3 焊点焊接正确；如果万用表发出"滴滴"的响声，则说明此处焊接失败。

6）将万用表黑表笔接触在 E1 所指焊点上，然后将红表笔接触 E2 所指焊点，万用表未发出"滴滴"的声音，则表示 E1、E2 焊点焊接正确；如果万用表发出"滴滴"的响声，则说明此处焊接失败。

请注意：在检查过程中如果出现焊接失败的焊点，应该停止后续步骤，并且记录下红、黑表笔所触位置，根据所触位置，检查焊接情况。

任务6 组装机臂和脚架

任务描述

用 AB 胶将脚架和机臂固定在一起。

任务实施

1）如图 1-40 所示，将 AB 胶按照 1∶1 比例混合，并且搅拌均匀。

2）如图 1-41 所示，将调试好的 AB 胶均匀涂抹到机臂的三个插槽中，在涂抹的过程中注意不要涂抹过量。

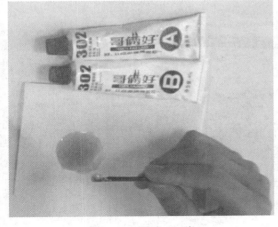

图 1-40 调试 AB 胶

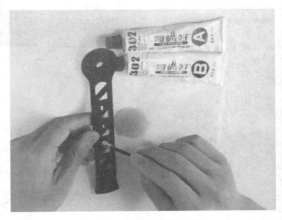

图 1-41 机臂插槽涂胶

3）如图 1-42 所示，将调试好的 AB 胶均匀涂抹到脚架的三个插口上面，涂抹少量的 AB 胶即可。注意切勿涂抹过多的 AB 胶，避免出现脚架插口无法插入到机臂插槽中的情况。

4）如图 1-43 所示，将脚架插入到机臂的插槽中，插接脚架时，注意使脚架带有弧度的一端面向自己，并使机臂的四个电动机孔位置中较高的一个在自己的左侧。

图 1-42　脚架插口涂胶　　　　　　　　　　　　　图 1-43　插接脚架和机臂

任务 7　组装机臂和 PCB 主板

任务描述

组装机臂和 PCB 主板。

任务实施

1）如图 1-44 所示，使用 M3×10mm 的螺栓从上向下穿过 PCB 主板和机臂；然后左手按住螺栓，右手将 M3 螺母拧到螺栓上。

按照相同步骤，使用其余的 3 颗螺栓及 3 颗螺母，将机臂和 PCB 主板固定。

2）如图 1-45 所示，使用 2mm 内六角螺钉旋具将螺栓拧紧，在旋拧的过程中注意不要将螺栓拧得太紧，避免对 PCB 主板造成破坏。

图 1-44　机臂和 PCB 主板固定　　　　　　　　　　图 1-45　拧螺栓

3）采用相同的操作方式，将其余 3 个机臂依次和 PCB 主板固定到一起。

任务8 组装并安装减振支架

任务描述

使用镊子，通过减振球将减振上板和减振下板组装成为一个整体，即减振支架并将减振支架安装到 PCB 中心板上。

任务实施

1）如图 1-46 所示，使用镊子将减振球和减振上板组装到一起。注意，在组装过程中，减振球通常比较难进入减振上板的减振孔里，因此需要耐心和细心地去组装。

2）如图 1-47 所示，再使用镊子，通过减振球将减振下板和减振上板组装到一起，完成减振支架的组装。

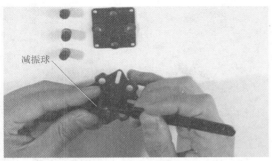

图 1-46 组装减振上板

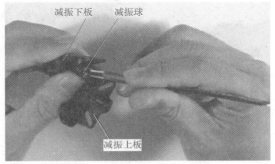

图 1-47 组装减振下板

请注意：此安装过程中，减振球比较难进入减振板的减振孔中，因此安装时，不能急于求成。在使用镊子向减振孔里推进减振球时切勿用力过大，避免镊子损坏减振球，导致后期减振效果变差。

3）如图 1-48 所示，使用 M3×8mm 的螺栓将组装好的减振支架安装到 PCB 主板上。

图 1-48 安装减振支架

1

PROJECT

首先将 4 颗 M3×8mm 的螺栓分别穿过减振支架的减振下板，然后将带有螺栓的减振支架穿过 PCB 主板，并将 M3 螺母拧到螺栓上，最后使用 2mm 内六角螺钉旋具将螺栓拧紧。

任务 9 安装电动机

任务描述

使用 2mm 内六角螺钉旋具和 M3×6mm 螺栓将电动机安装到机臂上。

任务实施

1）如图 1-49 所示，1 号和 2 号位置安装标有"CCW"字样的电动机，3 号和 4 号位置安装标有"CW"字样的电动机。

2）如图 1-50 所示，使用 M3×6mm 螺栓穿过机臂电动机安装孔，然后用 2mm 内六角螺钉旋具将螺栓拧紧，从而把电动机固定到机臂上。使用螺钉旋具拧螺栓时，请保证螺钉旋具与所拧的螺栓之间的夹角尽量接近 90°。

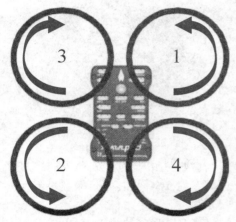

图 1-49　电动机安装顺序图

图 1-50　安装电动机

3）按照相同的操作将其余 3 个电动机安装到机臂上，并确保电动机位置的正确。

请注意：在安装电动机的过程中，电动机孔的位置和机臂上电动机安装孔的位置应相互对应，一旦错位将导致装配螺栓拧不进去。

且务必保证 1 号和 2 号位置安装标有"CCW"字样的电动机，3 号和 4 号位置安装标有"CW"字样的电动机。如果发现安装错误，请返回上一步，重新安装。

4）如图 1-51 所示，将电动机的香蕉头和电调插接在一起。

图 1-51　电动机香蕉头和电调插接

在插接过程中，注意将电调与距离电调最近的电动机插接到一起。

5）如图 1-52 所示，将电调的信号线和 PCB 主板上的 3pin 插针插接。

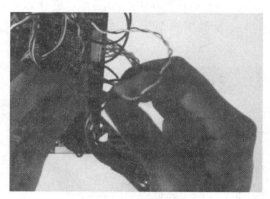

图 1-52 电调信号线插接

在插接电调信号线时，靠近黑色信号线的端口插接到 3pin 插针的"GND"端。在插接过程中务必保证信号线的插接无误，避免出现电调烧毁的情况。

任务 10 连接并固定部件与 PCB 主板

任务描述

使用 GH1.25 和 PH2.54 信号线在飞控、接收机和 PCB 主板间建立信号传输线路。

任务实施

1）如图 1-53 所示，将 GH1.25 信号线端口插接到飞控对应的接口上，信号线端口与 Pixhawk 飞控接口对应关系如下：

① 将 2pin 2 线端口连接至"BUZZER"接口。

② 将 3pin 2 线端口连接至"SWITCH"接口。

③ 将 4pin 3 线端口连接至"USB"接口。

④ 将 6pin 3 线端口连接至"TELEM2"接口。

⑤ 将 6pin 2 线端口连接至"SERIAL4/5"接口。

⑥ 将 6pin 6 线端口连接至"POWER"接口。

注释：Npin M 线是指此端口有 N 个引脚，里面插接 M 根信号线。

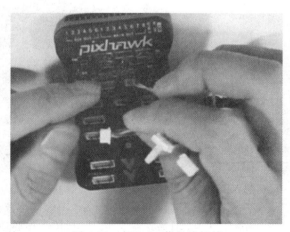

图 1-53 GH1.25 信号线插接

2）如图 1-54 所示，将 PH2.54 信号线插接到飞控和接收机对应的端口上，信号线端口与飞控、接收机接口对应关系如下：

① 将 3pin 3 线端口连接至飞控"RC IN"接口，黑线朝上，蓝线靠近缺口位置。

② 将 4pin 4 线端口连接至飞控"MAIN OUT"接口，在最下排靠近缺口位置，黄线靠右，插接"MAINOUT1"接口。

③ 将 3pin 3 线端口连接接收机"IBUSSERVO"接口，蓝线靠近缺口位置。

④ 将 8pin 4 线端口连接接收机下排靠近缺口的位置，靠近右侧"B/VCC"位置插接黄线。

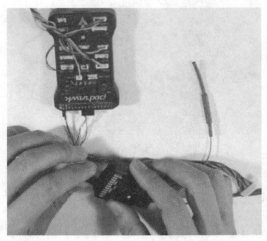

图 1-54　PH2.54 信号线插接

3）如图 1-55 所示，将数传的端口插接到飞控上面的"TELEM1"接口。

图 1-55　数传端口插接

4）如图 1-56 所示，将 GPS 端口插接到飞控对应的接口上，信号线端口与飞控接口对应关系如下：

① 将 4pin 2 线端口插接至飞控"I2C"接口。

② 将 6pin 4 线端口插接至飞控"GPS"接口。

5）将 GH1.25 的另一端插接到 PCB 主板标有"GH1.25 信号线"的端口，将 PH2.54 信号线的另一端插接到 PCB 主板标有"PH2.54 信号线"的端口。

6）如图 1-57 所示，使用热熔胶枪分别将飞控、接收机和数传固定。

将热熔胶均匀地涂抹到飞控、接收机和数传的底部上，然后将其粘贴到 PCB 主板对应的位置上。

请注意：在粘贴飞控时，为了使后期无人机的飞行更加稳定以及飞行姿态更加准确，尽

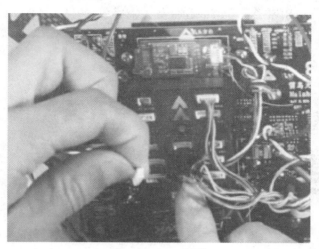

图 1-56　GPS 插接

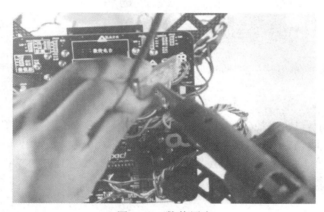

图 1-57　数传固定

量将飞控粘贴在减振支架的中心上。

7）如图 1-58 所示，用热熔胶枪在 GPS 模块的顶部涂抹部分热熔胶，然后将 GPS 模块粘贴到机壳内部。并注意在粘贴 GPS 模块时，务必保证 GPS 模块上的箭头方向和机壳头的方向一致。

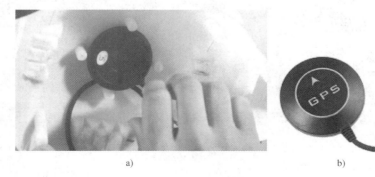

a)　　　　　　　　　　　　　　　b)

图 1-58　GPS 模块固定

8）如图 1-59 所示，用一次性扎带将机壳和机身固定到一起。

1

PROJECT

9）如图 1-60 所示，用钳子将多余的扎带剪去。

图 1-59　机壳和机身固定　　　　　　　　图 1-60　剪去多余的扎带

任务 11　配置遥控器

任务描述

将 FS 遥控器的信号输出格式和通道映射至我们需要的功能按钮和开关上。

任务实施

1）如图 1-61 所示，FS 遥控器有 2 个十字操纵杆（左操纵杆、右操纵杆），2 个功能旋钮（VRA 和 VRB），2 个两档开关（SWA 和 SWD），2 个三档开关（SWB 和 SWC），1 个电源开关（POWER），5 个功能按钮（UP、DOWN、OK、CANCEL、BIND KEY），以及 4 个微调按钮（左微调 2 个，右微调 2 个）。

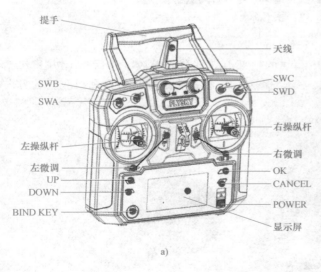

a)　　　　　　　　　　　　　　　b)

图 1-61　FS 遥控器

2）如图 1-62 所示，向上推动"POWER"键，开启遥控器，此时遥控器主界面如图 1-63 所示。

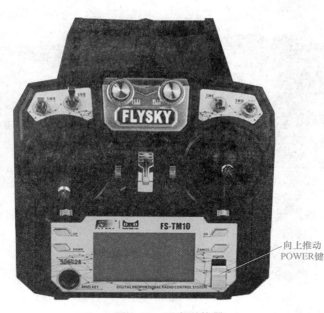

向上推动
POWER键

图 1-62　开启遥控器

3）如图 1-64 所示，长按"OK"键后进入"MENU"界面。

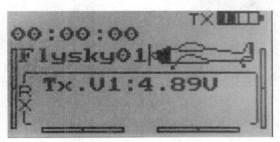

图 1-63　遥控器主界面

图 1-64　MENU 界面选中"System"

4）如图 1-65 所示，在"MENU"菜单下选中"System"，然后按"OK"键，进入"SYS-TEM"菜单界面。

5）如图 1-66 所示，用手按遥控器的"DOWN"按钮，界面中的箭头会向下移动，移动到"RX Setup"时停止，即选中此项。

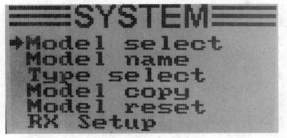

图 1-65　遥控 SYSTEM 菜单界面

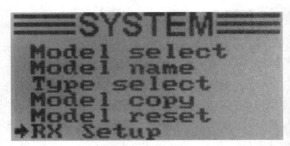

图 1-66　遥控器选中 RX Setup

6）如图 1-67 所示，按"OK"键进入"RX Output"界面，选择"SBUS/PWM"。

7）如图 1-68 所示，长按遥控器上的"CANCEL"按钮，保存前面的设置；然后再次短按

"CANCEL"键返回到"MENU"界面，并按下"DOWN"键，选中"setup"。

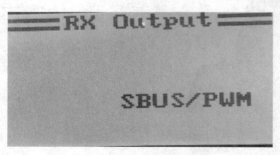

图 1-67　遥控器 RX Output 界面

图 1-68　MENU 界面选中"setup"

8）如图 1-69 所示，按下遥控器的"OK"键，进入"FUNCTIONS"菜单，按下"DOWN"键，直到箭头指向"Aux. channels"。

9）如图 1-70 所示，按下遥控器的"OK"键，进入到"Aux. channels"界面，将 5~10 通道分别映射到"SwC、UrA、SwB、UrB、SwD、SwA"，然后长按遥控器"CANCEL"按钮保存设置。

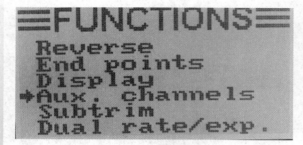

图 1-69　遥控器"FUNCTIONS"界面

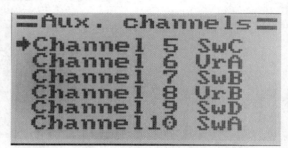

图 1-70　遥控器 Aux. channels 界面

任务 12　安装 Mission Planner 地面站

任务描述

将 MP（Mission Planner）地面站正确地安装到自己的电脑上。

任务实施

1）如图 1-71，双击 Mission Planner 驱动程序。

2）如图 1-72 所示，出现该界面时单击"Next"按钮，进行下一步操作。

3）如图 1-73 所示，出现该界面时，勾选"I accept the terms in the License Agreement"，同意此协议，再单击"Next"按钮。

4）如图 1-74 所示，出现该界面时，单击"Install"按钮，进行安装。

图 1-71　Mission Planner 驱动

图 1-72　单击 Next 按钮

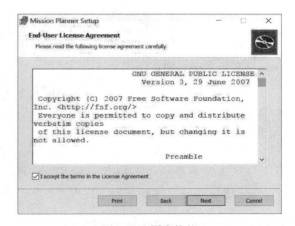

图 1-73　同意协议

5）图 1-75 所示为安装设备驱动的界面。在安装设备驱动时可能会需要多等待几分钟。

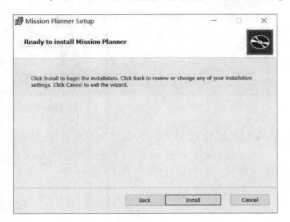

图 1-74　安装

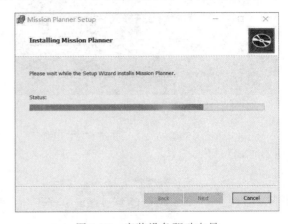

图 1-75　安装设备驱动向导

6）如图 1-76 所示，设备驱动安装成功。

7）如图 1-77 所示，单击"Finish"按钮安装完成。

图 1-76　设备驱动安装

图 1-77　安装完成

任务 13　无人机参数调试

任务描述

打开 MP 地面站，通过 USB 数据线将无人机和地面站连接，并进行无人机参数调试。

任务实施

1）如图 1-78 所示，打开 MissionPlanner 地面站。

2）如图 1-79 所示，用专用 USB 数据线将无人机和电脑连接。数据线的 USB 端连接电脑的 USB 接口，另一端连接无人机的 Micro USB 接口。

图 1-78　打开 MissionPlanner 地面站

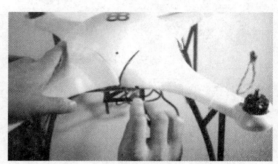

图 1-79　用专用 USB 数据线将无人机和电脑连接

3）如图 1-80 所示，通过"此电脑"→"管理"→"设备管理器"→"端口"，查看电脑的 COM 端口号。

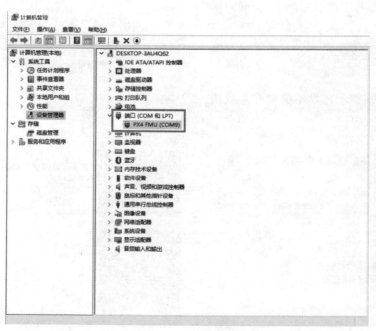

图 1-80　查看端口号

4）如图 1-81 所示，在"端口"菜单下，选择此电脑的端口号和比特率。在端口号下拉

PROJECT **1**

菜单中选择上步中查看到的端口号即可，比特率选择"115200"，然后单击右上角"连接"按钮。

图 1-81 选择端口号和比特率

5）如图 1-82 所示，成功连接后地面站界面右上角将会出现连接成功的图标。

图 1-82 地面站连接成功

6）如图 1-83 所示，单击"初始设置"选项卡，然后选择"必要硬件"，进入"必要硬件"界面。

7）如图 1-84 所示，单击"机架类型"选项卡，选择图中所示机架类型。

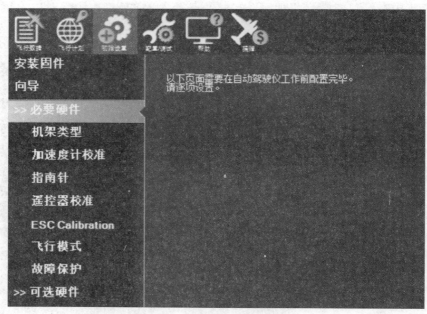

图 1-83 "必要硬件"界面

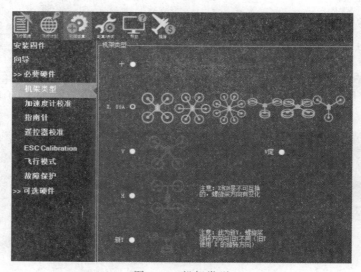

图 1-84 机架类型

8）如图 1-85 所示，单击"加速度计校准"选项卡，然后根据界面提示完成相关操作，并注意完成操作后点击"完成时点击"按钮。

9）如图 1-86 所示，单击"校准水平"按钮后出现图示界面。

请注意：在单击"校准水平"按钮之前，请将无人机放置在水平桌面上，然后将手移开。在水平校准的过程中，请勿触碰无人机或晃动桌面。

10）如图 1-87 所示，单击"指南针"选项卡，进入指南针校准界面。

请注意：在指南针校准的过程中，应绕界面所示的三根轴线旋转无人机。当界面中的圆球空间充满了小点后，单击"Done"按钮，指南针校准完成。

11）如图 1-88 所示，单击"遥控器校准"选项卡，进入到此界面。

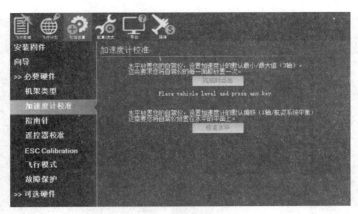

图 1-85 加速度计校准

图 1-86 校准水平

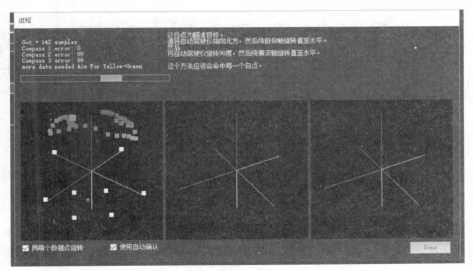

图 1-87 指南针校准

单击"遥控器校准"后,首先打开遥控器,然后单击界面中弹出的"遥控器校准"按钮,并单击两次弹出的警告中的"OK"按钮;之后双手操作遥控器上的操作杆、旋钮和拨杆,保证它们都达到最大行程后单击"完成"按钮。

12)如图 1-89 所示,进行电调校准。

进行电调校准的步骤相对复杂,每一步都必须正确操作:

① 将 PH 2.54 信号线的 4pin 4 线从飞控接口中拔出,然后将电调黑白信号线带有插针的

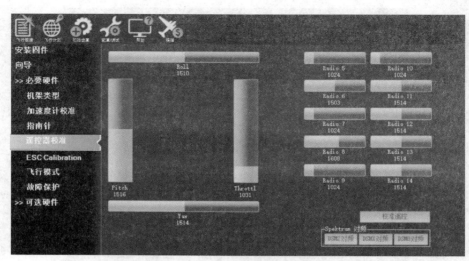

图 1-88　遥控器校准

一端插入 4pin 4 线信号线端口。

　　② 将黑白信号线的另一端插接到接收机的 3 通道对应的接口上。

　　③ 开启遥控器，并且把遥控器的油门操作杆（左操作杆）推到最上面，如图 1-90 所示。

图 1-89　电调校准

图 1-90　把油门操作杆推到最上面

　　④ 放下遥控器，然后给无人机接上动力电池，此时电动机将发出"滴滴滴"的响声。

　　⑤ 将油门操作杆拉到最下面，此时电动机发出一声时间较长的响声。到此，电调校准已经完毕。

　　请注意：电调校准时一定要保证无人机上未安装螺旋桨。

　　13）如图 1-91 所示，解锁无人机并测试电动机正反转，务必保证无人机上未安装螺旋桨。操作步骤如下：

　　① 接上动力电池。

　　② 按下无人机 PCB 主板上面的安全开关。

　　③ 解锁无人机。

　　④ 用小纸片检查无人机上面的电动机的旋转方向是否和图 1-92 所示的方向一致。

⑤ 如果出现电动机转向错误的情况，请断开动力电池，然后将反转的电动机对应的 3 根香蕉头中的任意两根交换。

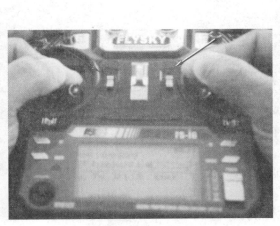

图 1-91　解锁无人机

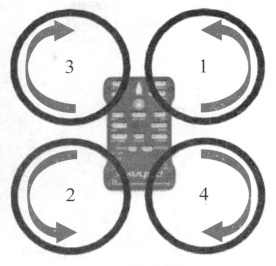

图 1-92　电动机旋转方向

14）如图 1-93 所示，在"飞行模式"选项卡设置飞行模式。

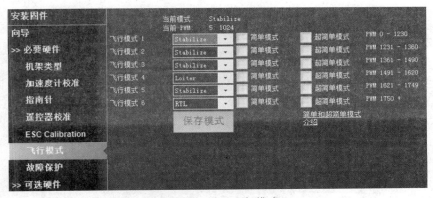

图 1-93　设置飞行模式

15）如图 1-94 所示，单击"故障保护"选项卡，设置无人机的故障保护行为。

将"电池低电量"设置为"14.9"（mA·h），"保留电量"设置为"950"（mA·h），"行为"设置为"RTL"（返航）。

图 1-94　故障保护

16）检查无误后，给无人机装上螺旋桨，安装完整的无人机如图 1-95 所示。

请注意：1 号和 2 号电动机安装银帽螺旋桨，3 号和 4 号电动机安装黑帽螺旋桨。

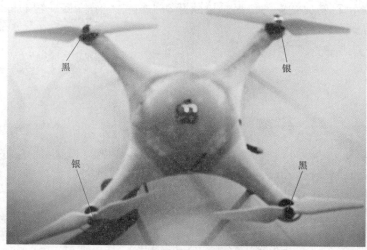

图 1-95 安装好的无人机

任务 14 无人机试飞

任务描述

找一个无人且比较宽阔的场地，试飞无人机。

任务实施

1）检查遥控器设置是否正确。

2）在"FUNCTIONS"菜单下，箭头指向"Display"时按下"OK"键，看此时的通道反射（图 1-96）和自己的操作是否一致。

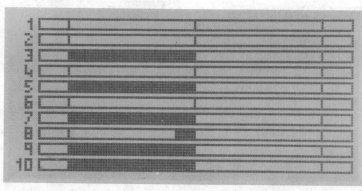

图 1-96 遥控器通道显示

3）检查无人机此时的指示灯是否为绿色。

4）检查无误后，按下 PCB 主板上的安全开关，然后将"SWC"拨到第二档。

5）如图 1-97 所示，按照下图动作解锁无人机，解锁后无人机的螺旋桨开始转动。

6）如图 1-98 所示，解锁后向前推左操作杆，无人机将垂直起飞。

7）如图 1-99 所示，向前推右操作杆，无人机将向正前方飞行。

8）如图 1-100 所示，向后拉右操作杆，无人机将向正后方飞行。

1
PROJECT

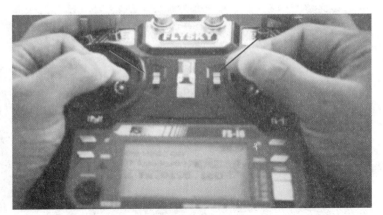

图 1-97 解锁

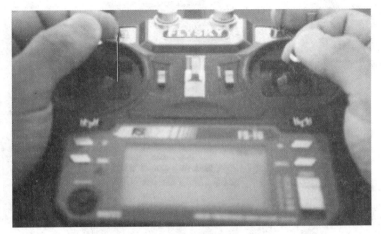

图 1-98 垂直起飞

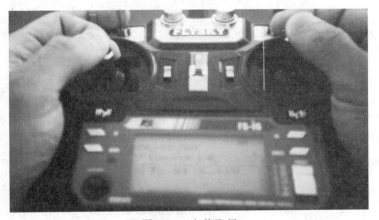

图 1-99 向前飞行

9）如图 1-101 所示，向左推动右操作杆，无人机将向左飞行。

10）如图 1-102 所示，向右推动右操作杆，无人机将向右飞行。

11）如图 1-103 所示，向左推动左操作杆，无人机将向左旋转。

图 1-100　向后飞行

图 1-101　向左飞行

图 1-102　向右飞行

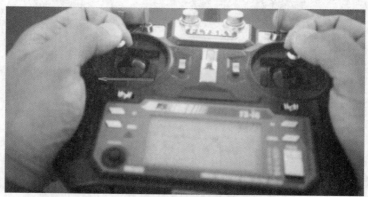

图 1-103　向左旋转

12）如图 1-104 所示，向右推动左操作杆，无人机将向右旋转。

图 1-104　向右旋转

13）如图 1-105 所示，向下拉左操作杆，无人机将垂直降落。

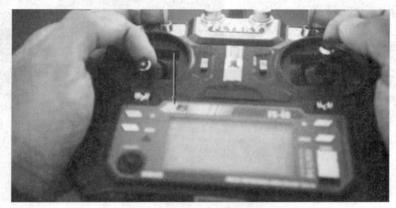

图 1-105　垂直降落

14）如图 1-106 所示，按照图示动作锁定无人机，无人机的螺旋桨将停止转动。

图 1-106　锁定

注意：无人机着陆后螺旋桨还是处于低速转动的状态，需要将无人机锁定后才可以靠近无人机。试飞没问题后，就可以用该无人机进行飞行练习或者进行研发，比如进阶教程里面的无人机与光流传感器结合。

任务15 进阶教程：无人机与光流传感器结合

任务描述

安装光流传感器模块，配置、调试无人机。

任务实施

一、传感器安装

1）如图1-107所示，将光流模块镜头垂直对准地面，使光流模块X轴标识对准飞行器前方，安装接口如图1-107b所示。

图1-107　安装光流模块上

2）如图1-108所示，安装好光流传感器并连接好I2C线后，通过USB接口连接飞控和电脑。

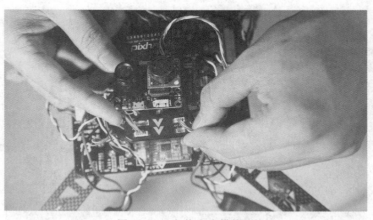

图1-108　安装光流模块下

3）如图1-109所示，将光流模块安装到挂载板上。

二、更新飞控固件

1）如图1-110所示，打开MissionPlanner，选择"初始设置"→"安装固件"，单击"加载自定义固件"。

图 1-109 安装光流模块

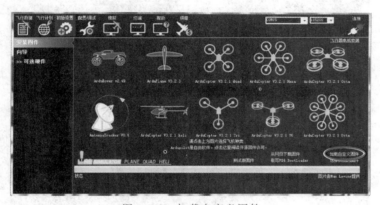

图 1-110 加载自定义固件

2）选择飞行机器提供的基于 3.2.1 的光流支持版最新 APM 固件 "FMarducopter3.2.1.px4"，此时弹出图 1-111 所示窗口，然后单击 "OK" 按钮，重新插上飞控，MissionPlanner 开始升级光流支持固件。

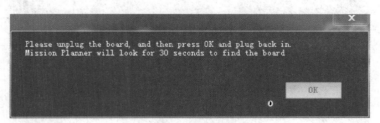

图 1-111 升级固件

三、配置飞控

在此只说明和光流模块有关的设置，其他设置（如 PID 调节）请先进行。

1）如图 1-112 所示，将 MissionPlanner 连接飞控，进入 "配置/调试"→"全部参数表" 选项卡，找到 "FLOW_ENABLE" 并将其值改为 "1"，然后找到 "AHRS_EKF_USE" 并将其值改为"1"。

图 1-112 参数表

2）如图 1-113 所示，声呐的光流模块使用光流内置声呐定高的设置。

图 1-113 内置声呐定高

注意：地面站自动显示声呐高度，声呐高度有效范围是 0~3.5m。

四、地面验证

1）如图 1-114 所示，连接飞控，然后在飞行数据页面左下角选择"状态"选项卡，拖动横向滚动条到最后，移动飞行器，查看"opt_m_x""opt_m_y""opt_qua"是否有数值。

图 1-114 光流数据显示

2）如图 1-115 所示，超声波的模块请查看"sonarrange"是否有数据。

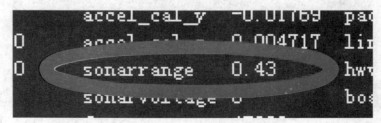

图 1-115 超声波数据

注意：超声波需要高于地面 20cm。

五、飞行

如图 1-116 所示，目前光流在"留待 Loiter"和"降落 Land"模式下有效，当无 GPS 信号或未接 GPS 时，可以在 Loiter 和 Land 模式下直接观察测试光流效果。

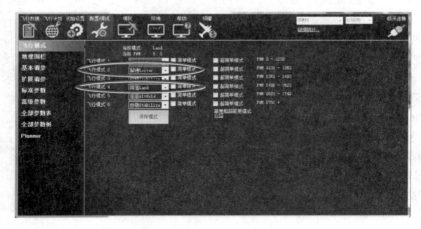

图 1-116　飞行模式

注意：为防止意外，第一次试飞请在室外空旷处进行。

默认设置合适的室外环境或较亮的室内环境，在 1~4m 高度飞行，使用气压计定高（随着气压变化高度可能会发生变化），可以外接超声波或使用带超声波的光流模块。

知 识 拓 展

一、焊接的基本知识

1. 手工焊接技术

使用手工电烙铁进行焊接，掌握起来并不困难，但是要掌握一定的技术要领。长期从事电子产品生产的工作者总结出了焊接的四个基本要素：材料、工具、方法及操作者。

2. 焊接操作的正确姿势

掌握正确的操作姿势，可以保证操作者的身心健康，减轻劳动伤害。为降低焊锡加热时挥发出的化学物质对人体的危害，减少有害气体的吸入量，一般情况下，电烙铁到鼻子的距离应不少于 20cm，通常以 30cm 为宜。

3. 焊接操作的基本步骤

准备施焊：左手拿焊丝，右手握烙铁，进入备焊状态。要求烙铁头保持干净，无焊渣等氧化物，并在表面镀有一层焊锡。

加热焊件：烙铁头靠近两焊件的连接处，加热焊件整体 1~2s。对于在印制板上的焊件来说，要注意使烙铁同时接触焊盘的元器件的引线。

送入焊丝：焊接面被加热到一定温度时，使焊丝从烙铁对面接触焊件。

移开焊丝：当焊丝熔化一定量后，立即向左上 45°方向移开焊丝。

移开烙铁：焊锡浸润焊盘的焊接部位以后，向右上 45°方向移开烙铁，结束焊接。

从送入焊丝开始到移开烙铁结束，时间为 1~3s。

4. 焊接温度与加热时间

适当的温度对形成良好的焊点是必不可少的。经过试验得出，烙铁头在焊件上停留的时间与焊件升高的温度是正比关系。同样的烙铁，加热不同热容量的焊件时，想达到同样的焊接温度，可以通过控制加热时间来实现。但在实践中又不能仅依此关系确定加热时间。例如，用小功率烙铁加热较大的焊件时，无论烙铁停留的时间多长，焊件的温度也上不去，原因是烙铁的供热容量小于焊件和烙铁在空气中散失的热量。此外，为防止内部过热损坏，有些元器件也不允许长时间加热，过度加热，除有可能造成元器件损坏以外，还可能产生如下危害和外部特征：

1) 焊点外观差。如果焊锡已经浸润焊件还继续进行加热，将使助焊剂全部挥发完，造成熔态焊锡过热；此时，烙铁离开时容易拉出锡尖，同时焊点表面发白，出现粗糙颗粒，焊点表面失去光泽。

2) 高温造成松香焊剂分解碳化。松香一般在 210℃ 开始分解，不仅失去助焊剂的作用，而且会造成焊点夹渣而形成缺陷。如果在焊接时发现松香发黑，肯定是加热时间过长所致。

3) 过度受热会破坏印制板上铜箔的黏合层，导致铜箔焊盘的剥落。因此，在适当的加热时间里，准确掌握加热火候是优质焊接的关键。

5. 焊接操作的基本手法

1) 保持烙铁头的清洁。

2) 依靠增加接触面积加快传热。

3) 加热要依靠焊锡桥。

4) 烙铁撤离有讲究，不要用烙铁头作为运载焊料的工具。

5) 焊锡用量要适中。

二、无人机飞行模式

无人机常用飞行模式包括自稳、定高、悬停、返航、自动等。附加飞行模式包括特技、运动、飘移、指导、绕圈、定点、降落、跟随、简单等。

多数发射机有一个三段开关，但是也可以设置六段飞行模式开关。如果不想使用 Mission Planner 设定飞行模式，也可通过 CLI（命令行界面）来设定。通过一些微小的代码修改，可以组合现有设定，自定义飞行模式。

1. 自稳模式（Stabilize）

自稳模式是使用得最多的飞行模式，也是最基本的飞行模式，无人机起飞和降落都应该使用此模式。此模式下，飞控会使飞行器保持稳定，因此是初学者进行一般飞行的首选，也是 FPV（第一视角飞行）的最佳模式。注意一定要确保遥控器上的开关能方便无误地拨到该模式，应急时会非常重要。

2. 定高模式（ALT_HOLD）

定高模式是使用自动油门，试图保持目前高度的稳定模式。定高模式下高度仍然可以通过提高或降低油门进行控制，但中间会有一个油门"死区"，油门动作幅度超过这个"死区"时，飞行器才会响应升降动作。

进入任何带有自动高度控制的模式后，目前的油门将被用来作为调整油门、保持高度的基准。在进入高度保持前确保无人机悬停在一个稳定的高度。飞行器将根据时间补偿不良的数值。只要它不下跌得过快，就不会有什么问题。

离开高度保持模式时应务必小心，油门位置将成为新的油门基准，如果不是在飞行器的中性悬停位置，操作将会导致飞行器迅速下降或上升。

在这种模式下不能降落或关闭马达，因为是油门摇杆控制高度，而非马达。切换到稳定模式后，才可以降落和关闭马达。

1

PROJECT

3. 悬停模式（Loiter）

悬停模式是"GPS 定点+气压定高"模式。应该在飞行器起飞前先让 GPS 定点，避免在空中突然定位而发生问题。其他方面跟定高模式基本相同，只是在水平方向上由 GPS 进行定位。

4. 返航模式（RTL）

返航模式需要 GPS 定位。GPS 在每次解锁前的定位点，就是当前的"HOME（家）"的位置；GPS 如果在起飞前没有定位，在空中首次定位的那个点，就会成为"HOME（家）"。进入返航模式后，飞行器会升高到 15m；或者如果已经高于 15m，就保持当前高度，然后飞回"HOME（家）"。还可以设置高级参数，选择到"HOME（家）"后是否自主降落，以及悬停多少秒之后自动降落。

5. 自动模式（AUTO）

自动模式下，飞行器将按照预先设置的任务规划控制它的飞行。由于任务规划依赖 GPS 的定位信息，所以在解锁起飞前，必须确保 GPS 已经完成定位（Pixhawk 板上蓝色 LED 灯常亮）。

切换到自动模式有两种情况：1）如果使用自动模式从地面起飞，飞行器会有一个安全机制，防止误拨到自动模式时误启动而发生危险，所以需要先手动解锁并手动推油门起飞。起飞后飞行器会参考最近一次定高的油门值作为油门基准，爬升到任务规划的第一个目标高度后，开始执行任务规划飞向目标。2）如果是在空中切换到自动模式，飞行器首先会爬升到第一目标的高度，然后开始执行任务。

6. 特技（比率控制）模式（Acro）

这个是非稳定模式，这时 Pixhawk 将完全依托遥控器的控制，但是新手慎用。

7. 运动模式（Sport）

运动模式也可以说是"速率控制的自稳+定高"模式。它的设计目的是用于飞行 FPV、拍摄移动镜头或者飞越，可以将模型设定在特定的角度，然后它会一直保持在这个角度。飞手的 Roll、Pitch、Yaw 摇杆控制模型旋转的速率，所以松开摇杆时，模型会保持当前状态。模型不会倾斜超过 45°（这个角度可通过参数 ANGLE_MAX 调整）。高度会通过高度保持控制器维持，油门摇杆在中点位置 10% 误差以内时，模型就会保持它现有的高度。爬升和下降速度可以达到 2.5m/s（这个速度可通过参数 PILOT_VELZ_MAX 调整）。

8. 绕圈模式（Circle）

切入绕圈模式时，飞行器会以当前位置为圆心绕圈飞行。而且此时机头会不受遥控器方向舵的控制，始终指向圆心。如果遥控器给出横滚和俯仰方向上的指令，圆心将会移动。与定高模式相同，该模式可以通过油门来调整飞行器高度，但是不能降落。绕圈圆的半径可以通过高级参数设置调整。

9. 定点模式（Position）

定点模式和悬停模式基本上是相同的，除了可以手动控制油门。这就意味着，在定点模式下，飞行器会保持位置和机头的方向不变，同时允许操作者手动控制油门。定点模式是依赖于 GPS 的，所以在解锁飞行器前确保 GPS 已定位很重要。GPS 定位通过以下 LED 灯状态表示：APM 上的蓝色 LED 灯常亮、GPS 模块上的蓝色 LED 灯常亮和"GPS+罗盘"模块上的 LED 灯闪烁。

10. 简单模式（Simple）

简单模式相当于一个"无头"模式，每个飞行模式的旁边都有一个"Simple Mode"复选框可以勾选。勾选简单模式后，飞行器将解锁起飞前的机头指向恒定作为遥控器前行摇杆的指向，这种模式下无须担心飞行器的姿态，对新手非常有用。

1 PROJECT

三、地面站解锁故障提示及含义

1）Safe switch：安全开关未关闭，长按至灯长亮。

2）RC not calibrated：遥控器没有校准。

3）Baro not healthy：气压计故障。

4）Alt disparity：气压计与惯性导航系统的高度不一致，超过 2m。这一消息的出现通常是短暂的，当飞行控制器首次插入或接收到一个硬的颠簸时会发生，如果没有消失，说明加速度计或许需要校准，或者气压计有故障。

5）Compass not healthy：罗盘故障。

6）Compass not calibrated：罗盘没有校准。

7）Compass offsets too high：罗盘偏移值太大，也许是由于附近有金属或者存在其他干扰。

8）Check mag field：所感测的磁场在该区域中高于或低于预期值，需要重新校准罗盘。

9）Compasses inconsistent：内部和外部的罗盘指向不同的方向（大于 45°），通常是由于 GPS 外置罗盘放置位置不一致。

10）GPS Glitch：GPS 故障，当选择的飞行模式需要 GPS 定位，或者开启地理围栏时，GPS 没有定位会有此提示。

11）Need 3D Fix：GPS 没有三维固定，当选择的飞行模式需要 GPS 定位，或者开启地理围栏时，GPS 没有定位会有此提示。

12）Bad Velocity：地速大于 50cm/s。

13）High GPS HDOP：GPS 的 HDOP（水平精度因子）<2.0（可使用 GPS_HDOP_GOOD 参数配置）。如果设置电子围栏或是在悬停模式解锁，HDOP 的精度没达标不能解锁。

14）INS not calibrated：加速度计没有校准。

15）Accels not healthy：加速度计故障，可能是硬件问题，也可能是刷新固件时没有重启。

16）Accels inconsistent：加速度计读数不一致。

17）Gyros not healthy：陀螺仪故障，可能是硬件问题，可能是刷新固件时没有重启。

18）Gyro cal failed：陀螺仪校准未能捕捉偏移，原因可能是在启动校准时移动了飞控。

19）Gyros inconsistent：当超过 20°/s/sec 时，出现该提示。

20）Check Board Voltage：检查板上电压，不在 4.3~5.8V 之间，如果通过 USB 供电，请尝试更换端口或者线缆。

21）Ch7&Ch8 Opt cannot be same：7/8 通道设置不一致。

22）Check FS_THR_VALUE：3 通道最低值太接近失控保护值。

23）Check ANGLE_MAX：控制飞控的最大倾斜角度设定在 10° 以下（angle_max 参数为 1000）或 80° 以上（angle_max 参数为 8000）。

24）ACRO_BAL_ROLL/PITCH：acro_bal_roll 参数高于自稳 Roll（R）值，和（或）acro_bal_pitch 参数高于自稳 Pitch（P）值。

若在解锁过程中有时无法解锁也没有上述提示，请重新校准遥控器，很有可能是因为遥控器传出的 PWM 值没有达到"油门最低且方向最右"。

任务训练与考核

1. 任务训练

实现四旋翼无人机的试飞。要求掌握无人机的组成、飞行原理、飞行条件及飞行要点，了解无人机的维护、无人机的故障分析及处理，拓展无人机的二次开发设计。

2. 任务考核

考核目标	考核内容	参考分值	考核结果	考核人
素质目标考核	遵守规则	10		
	课堂互动	10		
	团队合作	10		
知识目标考核	无人机的组成部分	10		
	无人机的飞行原理	10		
	无人机的飞行条件	10		
	无人机的飞行要点	10		
能力目标考核	无人机的维护	10		
	无人机的故障分析及处理	10		
	无人机的二次开发设计(拓展)	10		
总计				

项目二 并联臂3D打印机装配与调试

目前，3D 打印已成为近年来备受关注的新兴技术之一。本项目以北京三维博特科技有限公司所研发的 T600 模块化并联臂 3D 打印机实训套件为载体，介绍 3D 打印机独立完成装配、调试与打印过程。学生在完成本项目后，将掌握并联臂 3D 打印机的组成和工作原理，并能够熟练使用相关工具来独立进行并联臂 3D 打印机的装配与调试。

🔄 学习目标

1. 了解 3D 打印机装配与调试的工艺流程。
2. 掌握并联臂 3D 打印机设备的装配与调试。
3. 能够解决 3D 打印机装调过程中出现的问题。

任务1 了解并联臂 3D 打印机的模块组成

🔄 任务描述

了解 3D 打印机的模块组成，能够识别并说明各个组件的功能。

🔄 相关知识

一、并联臂 3D 打印机

T600 是模块化并联臂 3D 打印机，安装过程分为模块安装和整个打印机安装两个部分，此 3D 打印机包含的装配模块见表 2-1。

表 2-1 3D 打印机装配模块清单

序号	名　　称
1	机架
2	推杆模块
3	打印头模块
4	挤出机模块
5	顶置风扇模块
6	侧置风扇模块
7	主板模块
8	面板模块
9	电源板模块

（续）

序号	名　　称
10	铭牌模块
11	接线坞模块
12	热床模块
13	热床固定模块
14	耗材架
15	步进电动机

二、步进电动机

步进电动机是将电脉冲信号转变为角位移或线位移的开环控制元件。

1. 优点

1）电动机旋转的角度正比于脉冲数。

2）电动机停转时具有最大转矩（当绕组激磁时）。

3）步进电动机每步的精度是步距角的 3%~5%，而且不会将上一步的误差积累到下一步，因而有较好的位置精度和运动重复性。

4）具有优秀的起停和反转响应。

5）可靠性较高，电动机的寿命仅取决于轴承的寿命。

6）响应仅由数字输入脉冲确定，因而可以采用开环控制，这使得电动机的结构可以比较简单并控制成本。

7）负载直接连接到电动机的转轴上，也可以极低速地同步旋转。

8）速度正比于脉冲频率，因而有比较宽的转速范围。

2. 原理

通常步进电动机的转子为永磁体，当电流流过定子绕组时，定子绕组产生一个矢量磁场，该磁场会带动转子旋转一个角度，使得转子的一对磁场方向与定子的磁场方向一致。定子的矢量磁场旋转一个角度，转子也随之转一个角度。每输入一个电脉冲，电动机转动一个角度，前进一步。电动机输出的角位移与输入的脉冲数成正比，转速与脉冲频率成正比；改变绕组通电的顺序，电动机就会反转。所以可以通过控制脉冲数量、频率及电动机各相绕组的通电顺序来控制步进电动机的转动。

自测题

1. T600 并联臂 3D 打印机包括哪些模块？

2. 何为步进电动机？

3. 步进电动机的优点包括哪些方面？

任务 2　了解并联臂 3D 打印机装调的工艺流程

任务描述

根据图 2-1 所示的并联臂 3D 打印机装调工艺流程图，认识 3D 打印机配件和工具并检查配件和工具是否齐全。

2

PROJECT

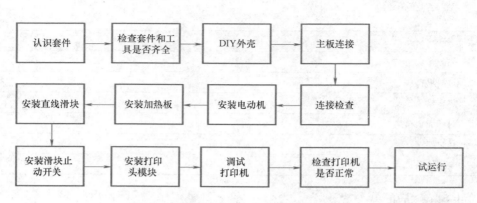

图 2-1　并联臂 3D 打印机装调工艺流程图

任务实施

一、了解并联臂 3D 打印机结构

T600 并联臂 3D 打印机包含 15 个主要模块，安装好的整机如图 2-2 所示。

图 2-2　T600 并联臂 3D 打印机整机

二、前期检查

1. 检查元器件（表2-2）

表2-2　并联臂3D打印机元器件清单

序号	器件名称	器件参数	数量	是否齐全	备注
1	立柱	600mm 铝型材	3		
2	底座	240mm 铝型材	9		
3	照明灯		3		
4	直线滑轨(带滑块)		3		
5	滑车	自行设计并打印	3		
6	步进电动机		3		
7	上角件		3		
8	垫脚	自行设计并打印	3		
9	螺栓		适量		
10	T 形螺母		适量		
11	挡片螺栓		6		
12	挡片		3		
13	带边轴承		3		
14	同步带惰轮		3		
15	碳纤维杆		6		
16	球头轴承		12		
17	连接电缆		1		
18	进料快接头		1		
19	推杆连接器	自行设计并打印	1		
20	前散热风扇		1		
21	侧散热风扇		2		
22	前风扇架(打印头)	自行设计并打印	1		
23	主安装架(打印头)	自行设计并打印	1		
24	前盖板(打印头)	自行设计并打印	1		
25	后盖板(打印头)	自行设计并打印	1		
26	电缆固定架	自行设计并打印	1		
27	电缆盖板	自行设计并打印	1		
28	电缆锁扣	自行设计并打印	1		
29	加热块		1		
30	铜喷嘴		1		
31	马蹄形件		1		
32	热端组件		1		
33	齿轮挤丝机构		1		
34	出料快接头		1		
35	步进电动机(挤料)		1		

2

PROJECT

（续）

序号	器件名称	器件参数	数量	是否齐全	备注
36	散热风扇（挤料）		1		
37	安装架（挤料）	自行设计并打印	1		
38	主安装架（挤料）	自行设计并打印	1		
39	散热风扇架（挤料）	自行设计并打印	1		
40	插座架（挤料）	自行设计并打印	1		
41	铝型材安装架（挤料）	自行设计并打印	1		
42	压丝架（挤料）	自行设计并打印	1		
43	前盖板（挤料）		1		
44	散热风扇罩（挤料）		1		
45	拉力弹簧		1		
46	U 槽轴承		1		
47	散热风扇安装架	自行设计并打印	4		
48	散热风扇罩（顶置风扇）		1		
49	12cm 散热风扇（顶置）		1		
50	主安装架	自行设计并打印	1		
51	散热风扇侧面安装架	自行设计并打印	2		
52	散热风扇底面安装架	自行设计并打印	4		
53	14cm 散热风扇（侧置）		2		
54	散热风扇罩（侧置风扇）		2		
55	MEGA 2560 主板		1		
56	RAMPS 1.4 扩展板		1		
57	LCD&SD 插座（主板）		1		
58	12V 插排		1		
59	侧安装架（主板）	自行设计并打印	1		
60	主安装架（主板）	自行设计并打印	1		
61	12V 插排安装架	自行设计并打印	1		
62	面板安装耳片	自行设计并打印	2		
63	主安装架（面板）	自行设计并打印	1		
64	LCD&SD 板（面板）		1		
65	连接线缆（面板）		1		
66	操作旋钮（面板）		1		
67	电源开关		1		
68	电源插座		1		
69	USB 插座		1		
70	主安装架（电源板）	自行设计并打印	1		
71	主安装板（铭牌）	自行设计并打印	1		
72	压线片	自行设计并打印	1		

2

PROJECT

（续）

序号	器件名称	器件参数	数量	是否齐全	备注
73	带线发光二极管		1		
74	主安装架（接线坞）	自行设计并打印	1		
75	挤出机模块连接插座		1		
76	打印头模块连接插座		1		
77	热床插座安装架	自行设计并打印	1		
78	加热膜		1		
79	4芯插头座（热床）		1		
80	引线（热床）		适量		
81	拉力弹簧（热床）		1		
82	主安装架（热床）		1		
83	热床压片		1		
84	热床压片定位螺栓		1		
85	滚珠轴承（耗材架）		1		
86	手拧螺栓		1		
87	活动卡位架	自行设计并打印	1		
88	下角件	自行设计并打印	1		
89	滑块止动开关		3		
90	5010散热风扇		1		

2. 检查工具

世达品牌六角扳手1套。

任务3　安装3D打印机机架

任务描述

3D打印机机架是整台3D打印机的外部框架，机架的安装是3D打印机安装的第一步，为后期的安装步骤打下基础。本任务的内容是按照规范顺序，安装3D打印机机架。

任务实施

一、了解3D打印机机架组成

机架组成包括上、下角件（各3个），铝型材（2020欧标，长240mm的9根，长600mm的3根，共12根），步进电动机（3台），直线滑轨（长400mm，宽12mm，3根，配套3个直线滑块），滑车（3个），LED照明灯组件（3个），垫脚（3个），如图2-3所示。

二、安装操作

1）如图2-4所示，为上角件安装紧固件，每个上角件安装5个螺栓和5个T形螺母。

2）如图2-5所示，将两根长240mm的铝型材和上角件用紧固件固定，同步带惰轮通过两个配套的带边轴承由螺栓固定在上角件里，最后安装挡片和挡片螺栓。

2

PROJECT

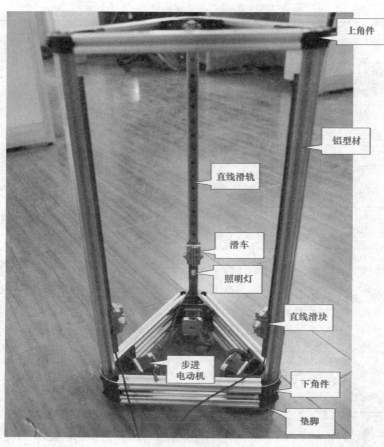

图 2-3　机架

图 2-4　上角件紧固件安装

图 2-5　铝型材、上角件和同步带惰轮安装

3）采用相同步骤，将其他上角件和铝型材依次固定，形成图 2-6 所示的上三角结构。

图 2-6　3 个上角件和 3 根铝型材固定

4）如图 2-7 所示，将步进电动机和下角件固定在一起（通过步进电动机前面的 4 个螺纹孔安装螺栓），和上角件一样，给下角件安装紧固件，每个下角件安装 10 个螺栓和 10 个 T 形螺母。

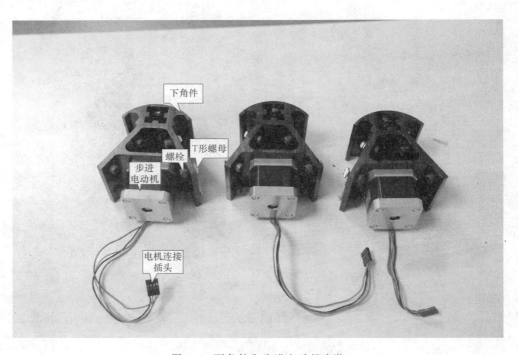

图 2-7　下角件和步进电动机安装

5）先用 3 根长 240mm 的铝型材在同一侧将 3 个下角件连接起来，注意铝型材和下角件尽量紧密贴合，不留空隙，形成图 2-8 所示的三角形结构。

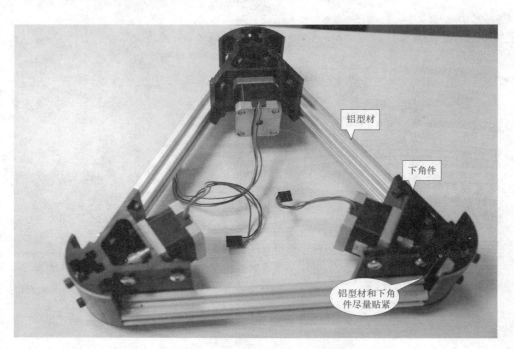

图 2-8　下角件用铝型材连接

6）如图 2-9 所示，将 3 个垫脚通过螺栓和 T 形螺母安装在三角形结构的三个角上。

2 PROJECT

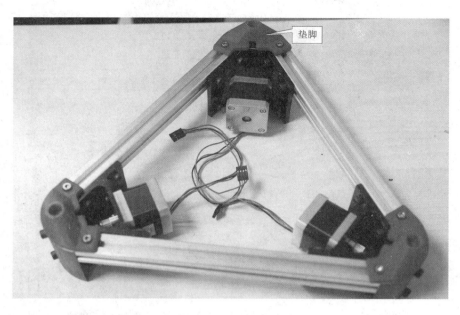

图 2-9　安装垫脚

7）在下角件另一侧安装另外 3 根铝型材，完成下三角结构的安装，如图 2-10 所示。

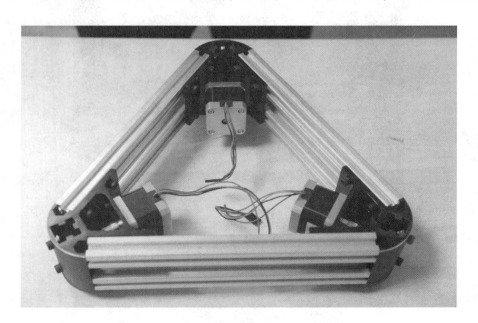

图 2-10　3 个下角件和 6 根铝型材固定

8）如图 2-11 所示，将 3 根长 600mm 的铝型材安装在下角件上，注意铝型材在下角件的方孔里要插到底，在侧面用两个螺栓和 T 形螺母固定。

9）如图 2-12 所示，将上三角结构安装到 3 根铝型材立杆上，同样在侧面用螺栓和 T 形螺母固定。注意固定上三角结构和立柱的螺栓先不要拧太紧，因为后面的安装步骤中还会拧松这 3 个螺栓。

2

PROJECT

图 2-11　安装铝型材立杆

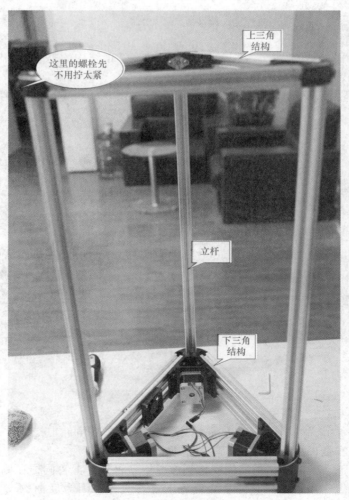

图 2-12　立杆连接上三角结构和下三角结构

10）如图 2-13 所示，在 3 根立杆内侧依次安装滑块止动开关、直线滑轨、直线滑块、滑车和 LED 照明灯。注意，滑块止动开关不要与上角件紧密接触，要留出 5mm 左右的空间以备调整。至此，机架安装完成。

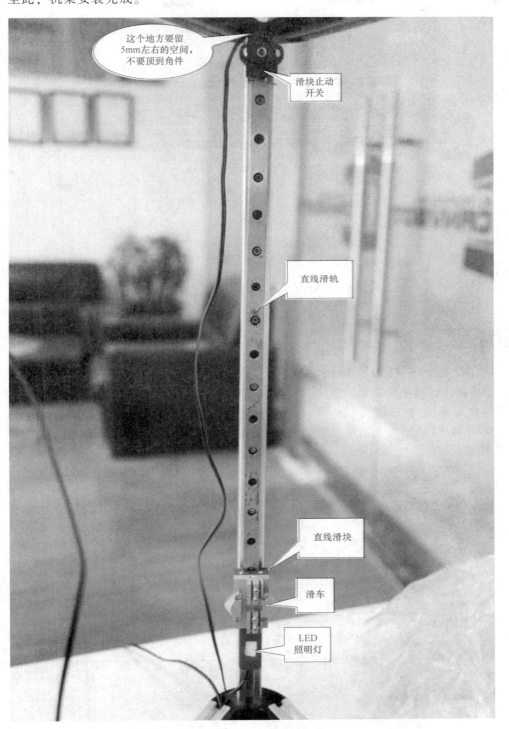

图 2-13 安装立杆内侧部件

11）安装推杆模块：推杆模块由碳纤维杆两头连上球头轴承做出，一共需要 6 根，要求长度一致，如图 2-14 所示。推杆模块在 T600 套件中已经是成品，用户不用自己制作，直接取用就可以。

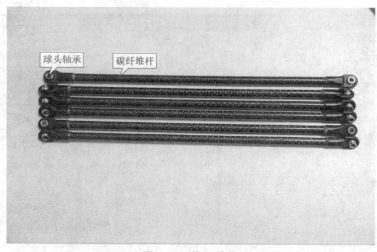

图 2-14　推杆模块

任务4　安装 3D 打印机打印头模块

任务描述

了解 3D 打印机打印头模块组成

打印头模块包括主安装架、前风扇架、前盖板、后盖板、电缆固定架、电缆盖板、电缆锁扣（这些均为 3D 打印件），热端组件、推杆连接器、马蹄形件（这些为金属件），前散热风扇（3010 轴流风扇），侧散热风扇（4010 涡轮风扇，2 个），如图 2-15 所示，安装完成后如图 2-16 所示。

图 2-15　打印头模块的零部件

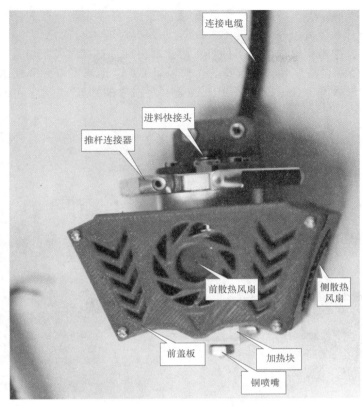

图 2-16 打印头模块

连接电缆

进料快接头

推杆连接器

前散热风扇

侧散热风扇

前盖板

加热块

铜喷嘴

![任务实施图标] **任务实施**

1）如图 2-17 所示，将马蹄形件卡在热端组件的颈部。

2）如图 2-18 所示，将推杆连接器装在马蹄形件上，推杆连接器中间的两孔面不一样大，大的一面对着马蹄形件，先不用固定。

图 2-17 马蹄形件卡住热端组件　　　　　　图 2-18 安装推杆连接器

2

PROJECT

3）如图 2-19 所示，用 4 根长螺栓将电缆固定架、推杆连接器、马蹄形件和主安装架固定在一起。主安装架有 4 个可以嵌入六角螺母的地方，正对着电缆固定架、推杆连接器和马蹄形件的螺纹安装孔，拧紧螺栓，马蹄形件将压紧热端组件，热端组件不可松动。

4）如图 2-20 所示，将发光二极管安装在前风扇架上，前风扇架底部侧面有一个圆孔，正好能够嵌入发光二极管并卡住，安装发光二极管时要用力插到底为止，完成后发光二极管的前部会露出一部分。

此处有个圆孔，发光二极管正好嵌入圆孔里

图 2-19　固定热端组件　　　　　　　　　　图 2-20　前风扇架上安装发光二极管

5）如图 2-21 所示，将前散热风扇和侧散热风扇用自攻螺钉固定在主安装架上，前散热风扇的风向由外向里，用于热端组件散热，左右两个侧散热风扇的风向均向下，用于对打印件进行散热。安装完散热风扇后，将前风扇架用自攻螺钉固定在主安装架上。

图 2-21　安装前散热风扇和侧散热风扇

6）如图2-22所示，将前盖板通过四周的4个自攻螺钉固定在主安装架上。

图 2-22　安装前盖板

7）如图2-23与图2-24所示，将电线从后盖板上的孔里穿出来，并用自攻螺钉将后盖板固定在主安装架上。

8）如图2-25所示，将一根12芯的电缆和各电线可靠地连接起来，用热缩管绝缘加固。

9）如图2-26所示，用电缆盖板盖住电缆的连接处，起到保护和美观的作用。电缆盖板和后盖板的连接方式是自攻螺栓连接，需要将后盖板暂时从主安装架上拆，安装电缆盖板后，再将后盖板安回主安装架上。

10）如图2-27所示，用电缆锁扣卡住电缆，并用螺栓、螺母固定，注意电缆锁扣要压紧电缆，不能让电缆活动。

图 2-23　安装后盖板

2

PROJECT

图 2-24　固定后盖板

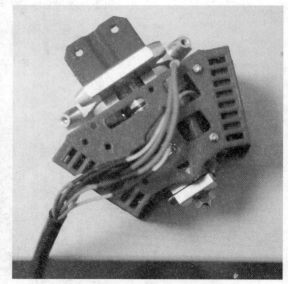

图 2-25　连接 12 芯电缆和各电线

图 2-26　用电缆盖板保护电缆连接处

图 2-27　安装电缆锁扣

任务5　安装 3D 打印机挤出机模块

🔰 **任务描述**

　　挤出机模块包括主安装架、铝型材安装架、压丝架、前盖板、散热风扇、插座架（这些均为 3D 打印件），步进电动机（42 系列步进电动机），散热风扇罩，挤丝齿轮，张力弹簧（黄色，6mm×15mm 模具弹簧），U 槽轴承，6 芯插座，发光二极管（φ3mm，白色高亮度）和出料快接组成，如图 2-28 所示，安装完成后如图 2-29 所示。使用上述零部件，完成 3D 打印机挤出机模块的安装。

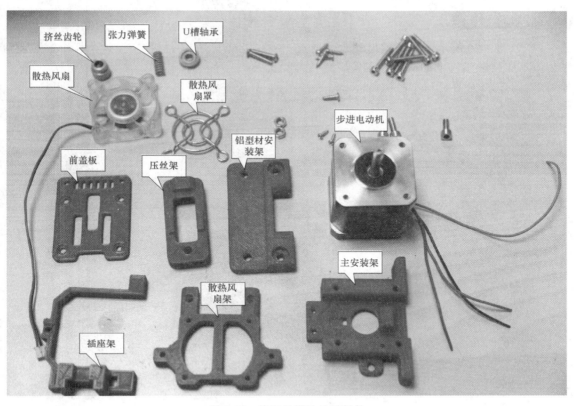

图 2-28 挤出机模块的零部件

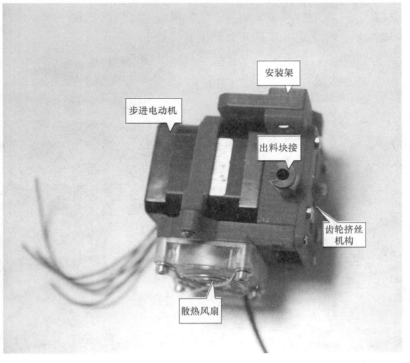

图 2-29 挤出机模块

任务实施

1) 如图 2-30 所示，将挤丝齿轮通过顶丝安装在步进电动机的机轴上，挤丝齿轮要安装到底，但不能接触步进电动机的外壳，旋转时不能受阻。

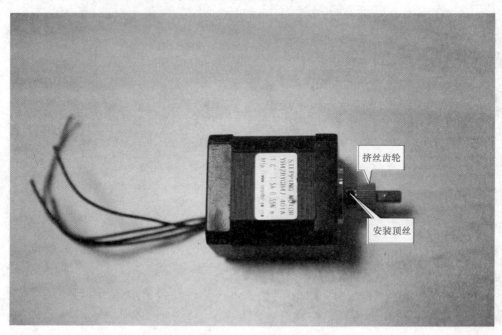

挤丝齿轮

安装顶丝

图 2-30　步进电动机安装挤丝齿轮

2) 如图 2-31 所示，将散热风扇架和主安装架用自攻螺钉固定在一起。

3) 如图 2-32 所示，将步进电动机安装到主安装架上，先不固定。

图 2-31　散热风扇架和主安装架固定安装　　　图 2-32　将步进电动机安装在主安装架上

4）如图 2-33 所示，将 U 槽轴承通过螺栓安装到压丝架上，张力弹簧放到图示位置，不用固定。

5）如图 2-34 所示，将组装后的压丝架装进主安装架的槽里，使张力弹簧两侧正好能撑住挡块，使 U 槽轴承的右边边缘能够和挤丝齿轮压紧。

图 2-33　U 槽轴承和张力
弹簧安装在压丝架上

6）如图 2-35 所示，安装前盖板，用 4 根长螺栓将前盖板、主安装架、压丝架、步进电动机固定在一起。压丝架可以左右活动，用手推动压丝架的右边，压丝架能够向左移动，放手后能够回弹。

图 2-34　将压丝架安装到主安装架上

图 2-35　螺栓固定安装前盖板

7）如图 2-36 所示，将散热风扇和风扇罩用 4 根螺栓固定在散热风扇架上，拧螺栓时只要能固定住风扇即可，不能用力过度，否则有可能压裂风扇的塑料外框。

8）如图 2-37 和图 2-38 所示，将插座架通过 2 根自攻螺钉固定在风扇安装架上，使插座架正好能包围步进电动机。

图 2-36　安装散热风扇和风扇罩

插座架

图 2-37　安装插座架

2

PROJECT

9）如图 2-39 所示，将 6 芯插座安装在插座架上，插座两边有固定耳孔，用 2 根自攻螺钉固定紧即可。

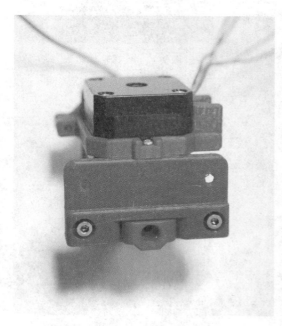

图 2-38　安装插座架

图 2-39　安装插座

10）如图 2-40 所示，将步进电动机的 4 条引线和散热风扇的 2 条引线焊接在 6 芯插座上，用热缩管保护焊接处，以防短路。焊完后用尼龙扎条将电线固定在插座架上。

11）如图 2-41 所示，将出料快接通过下面的螺纹拧进主安装架的孔中，注意要拧到底、拧紧。至此，挤出机模块安装完成。

图 2-40　焊接引线

图 2-41　安装出料快接

任务6　安装3D打印机风扇模块

任务描述

风扇模块包括顶置风扇模块与侧置风扇模块两部分。完成3D打印机风扇模块的安装。

任务实施

1）顶置风扇模块主要由散热风扇（12025轴流风扇）、风扇罩、散热风扇安装架（3D打印件）组成，如图2-42所示，安装完成后如图2-43所示。注意4个风扇安装架的安装方向要准确。

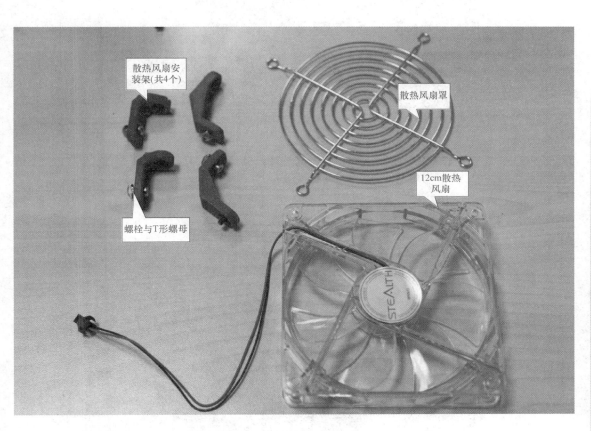

图2-42　顶置风扇模块的零部件

2）侧置风扇模块主要由散热风扇（14025轴流风扇）、风扇罩、侧面和底部安装架（3D打印件）组成，如图2-44所示，安装完成后如图2-45所示。注意侧置风扇模块共有2个，左右各一个，安装时2个风扇模块呈镜像对称关系。

3）图2-46所示为连接两个侧置风扇模块的连接架，当两个侧置风扇模块安装到机架上后，再用该连接架连接两个侧置风扇模块，使两个侧置风扇模块更加稳固。

2

PROJECT

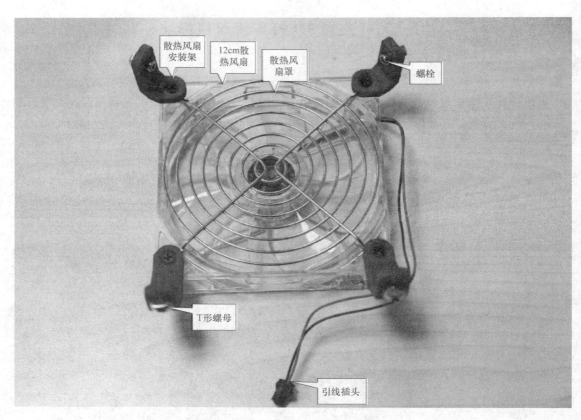

图 2-43　顶置风扇模块

图 2-44　侧置风扇模块的零部件

2

PROJECT

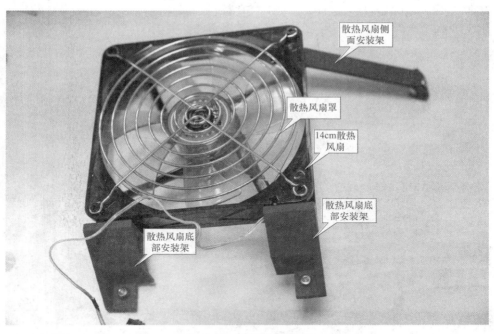

图 2-45　侧置风扇模块

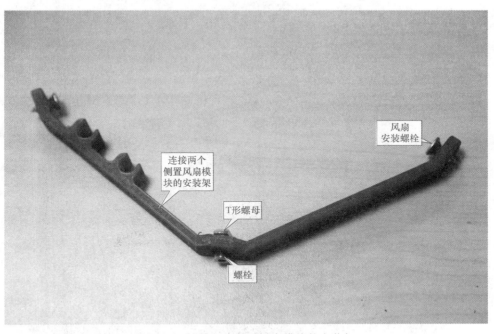

图 2-46　连接两个侧置风扇模块的安装架

任务 7　安装 3D 打印机主板模块

任务描述

主板模块主要包括主安装架、侧安装架、12V 插排安装架（这些均为 3D 打印件），

2

PROJECT

73

MEGA 2560 主板，RAMPS 1.4 扩展板，LCD&SD 插座，12V 插排（20 针简易牛角座），如图 2-47 所示。安装完成后如图 2-48 所示。使用上述零部件，完成 3D 打印机主板模块的安装。

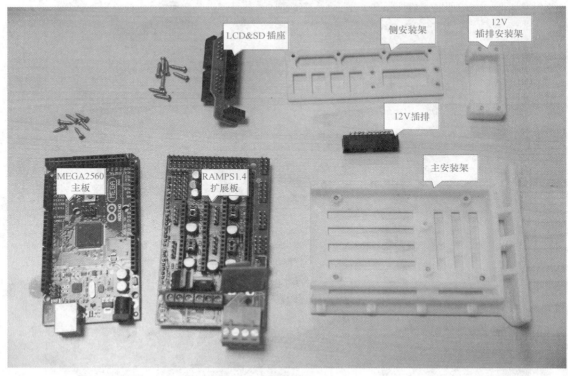

图 2-47　主板模块的零部件

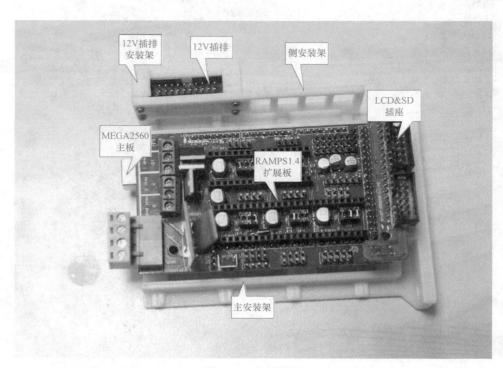

图 2-48　主板模块

1) 如图 2-49 所示，将 12V 插排安装到安装架上。12V 插排是用 20 针简易牛角座制作的，只要用导线将简易牛角座的两排插针连接起来即可，具体操作是，将同一侧的 10 根插针用一根导线连接起来，将另外一侧的 10 根插针用另一根导线连接起来。为了接触可靠，采用焊接的方式，注意焊接时间要短，否则简易牛角座的塑料容易软化。

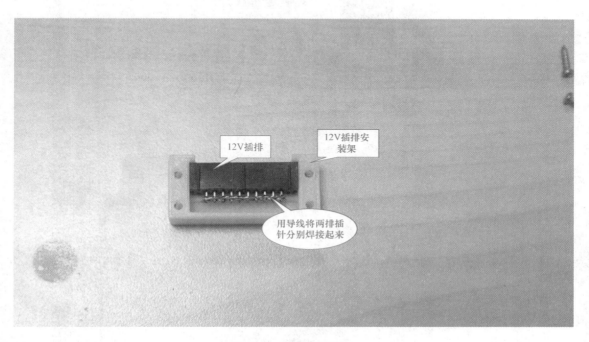

图 2-49 12V 插排安装

2) 如图 2-50 所示，将 12V 插排安装架通过自攻螺钉安装到侧安装架上，拧紧螺栓即可。

3) 如图 2-51 所示，将侧安装架用自攻螺钉安装到主安装架上，拧紧螺栓即可。

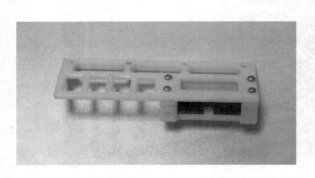

图 2-50 将插排安装架安装到侧安装架上

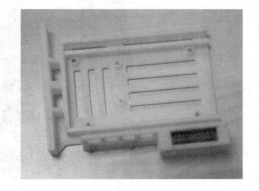

图 2-51 将侧安装架安装到主安装架上

4) 如图 2-52 所示，将 MEGA 2560 主板用自攻螺钉安装到主安装架上，将 6 个自攻螺钉拧紧即可。

图 2-52　将 MEGA2560 主板安装到主安装架上

　　5）如图 2-53 所示，将 RAMPS1.4 扩展板插到 MEGA 2560 主板上，插针和插座对准，插到底即可。

图 2-53　将 RAMPS1.4 扩展板插到 MEGA 2560 主板上

　　6）如图 2-54 所示，将面板模块（LCD&SD 板）连接插座插到 RAMPS1.4 扩展板上，插针和插座对准，插到底即可。至此，主板模块安装完成。

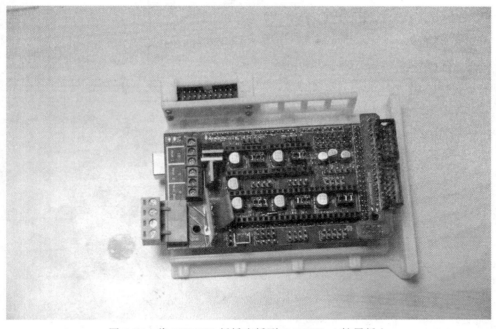

图 2-54　将 LCD&SD 板插座插到 RAMPS1.4 扩展板上

任务 8　安装 3D 打印机面板模块

任务描述

　　面板模块主要包括主安装架、安装耳片（左右各一个，和主安装架均为 3D 打印件），操作按钮，LCD&SD 板，连接线缆（2 根），如图 2-55 所示。安装完成后如图 2-56 所示。使用上述零部件，完成 3D 打印机面板模块的安装。

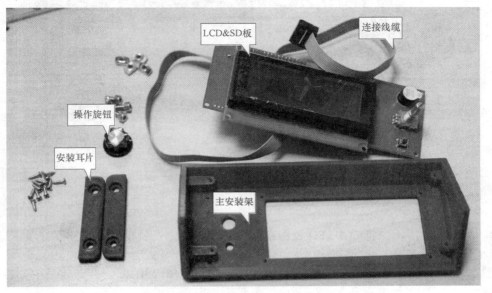

图 2-55　安装面板模块的零部件

2

PROJECT

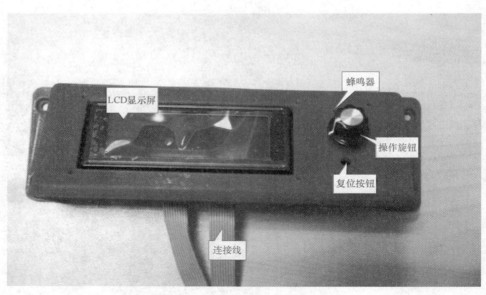

图 2-56　面板模块

🔄 任务实施

1）如图 2-57 所示，将安装耳片用自攻螺钉固定到主安装架上，每个耳片用 4 个自攻螺钉，螺钉要拧紧，安装耳片不能出现晃动现象。

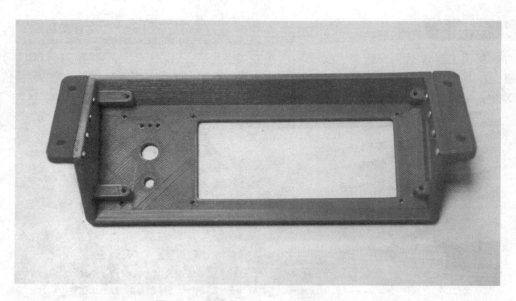

图 2-57　将安装耳片固定到主安装架上

2）如图 2-58 所示，将 LCD&SD 板用自攻螺钉固定到主安装架上，螺栓要拧紧，LCD&SD 板不能出现晃动现象。

3）如图 2-59 所示，在主安装架外侧将操作旋钮与 LCD&SD 板配合安装，主安装架两侧的安装耳片上安装 T 形螺母和螺栓。至此，面板模块安装完成。

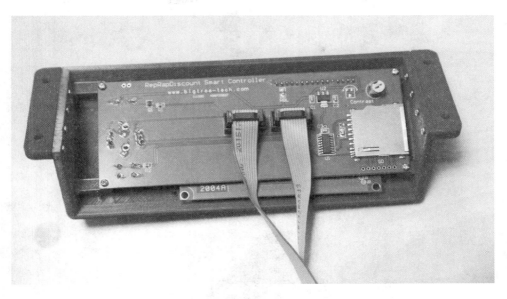

图 2-58　将 LCD&SD 板安装到主安装架上

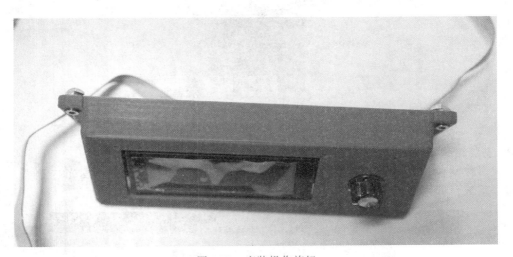

图 2-59　安装操作旋钮

任务 9　安装 3D 打印机其他模块

任务描述

3D 打印机其他模块包括电源板模块、铭牌模块、接线坞模块、热床模块、热床固定模块等。使用上述零部件，完成 3D 打印机其他各模块的安装。

任务实施

1. 安装电源板模块

如图 2-60 与图 2-61 所示，将相应零部件安装到主安装架上即可。在连接电源开关和电源插座的导线时注意正负极性。

2

PROJECT

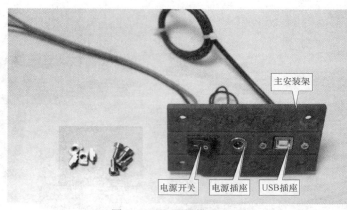

图 2-60　电源板模块正面

图 2-61　电源板模块背面

2. 安装铭牌模块

1）铭牌模块主要由主安装板、压线片（均为 3D 打印件），带线发光二极管（12V，ϕ3mm）组成，如图 2-62 所示。

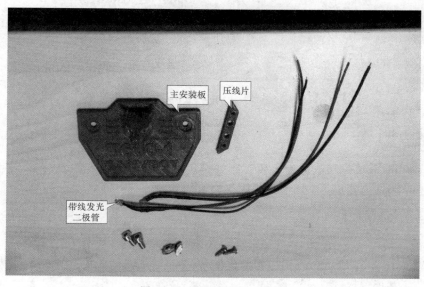

图 2-62　铭牌模块的零部件

2）如图 2-63 所示，将两个带线发光二极管头部插入主安装板后面的安装孔中，插到底为止；并将带线发光二极管的引线穿过压线片内侧的两个孔。

图 2-63　安装带线发光二极管

3）如图 2-64 所示，将压线片通过两个自攻螺钉固定在主安装架上，固定带线发光二极管，使它们不能晃动。至此，铭牌模块安装完成。

图 2-64　用压线片固定带线发光二极管

3. 安装接线坞模块

接线坞模块主要由主安装架（3D 打印件）、挤出机模块连接插座、打印头模块连接插座、若干电线组成，如图 2-65 所示，安装完成后如图 2-66 所示。

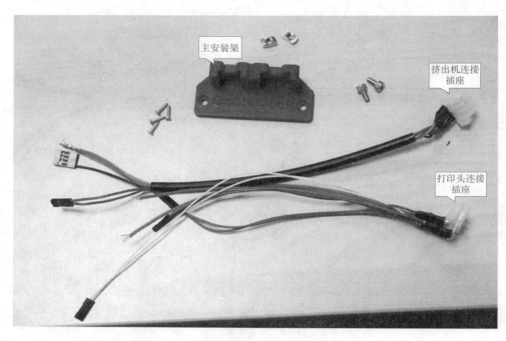

图 2-65　安装接线坞模块的零部件

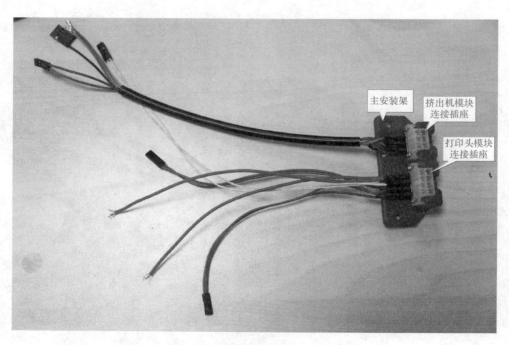

图 2-66　接线坞模块

4. 安装热床模块

热床模块主要由热床插座安装架（3D 打印件）、加热膜、4 芯插头座、若干引线组成。如图 2-67 所示，将引线焊接到 4 芯插座上，4 芯插头的引线连接方式为压接，可用专用压线钳或尖嘴钳压制。

5. 安装热床固定模块

热床固定模块主要由主安装架（3D 打印件）、热床压片、张力弹簧、热床压片定位螺栓组成，如图 2-68 所示。安装完成后，热床固定模块如图 2-69、图 2-70 所示。具体安装步骤见下文。

图 2-67　4 芯插头

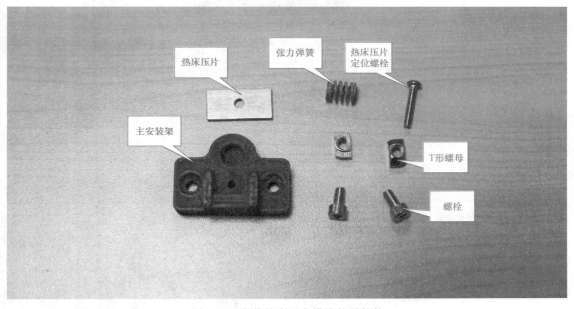

图 2-68　安装热床固定模块的零部件

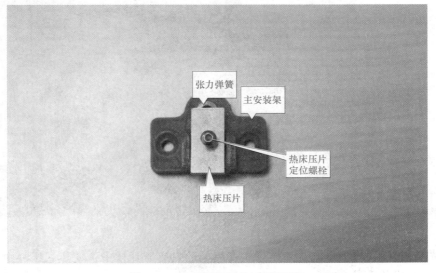

图 2-69　热床固定模块（顶视图）

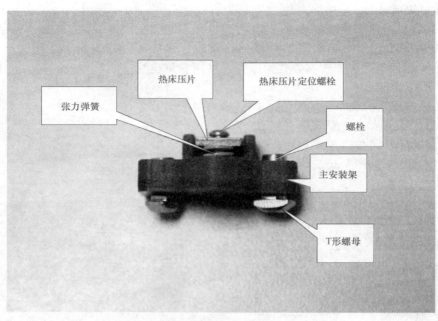

图 2-70　热床固定模块（前视图）

1）如图 2-71 所示，将张力弹簧放到主安装架的盲孔中，不用固定。

图 2-71　安装张力弹簧

2）如图 2-72 所示，将热床压片放到主安装架的热床压片槽中，使热床压片中间的安装孔对准主安装架对应的安装孔，不用固定。

图 2-72　安装热床压片

3）如图 2-73 所示，将热床压片定位螺栓通过热床压片中间的安装孔拧到主安装架的安装孔中，拧至张力弹簧刚刚开始被压缩为止。至此，热床固定模块安装完成。

图 2-73　安装热床压片定位螺栓

2

PROJECT

任务 10 安装 3D 打印机耗材架

任务描述

　　耗材架主要由主安装架、活动卡位架（均为 3D 打印件），手拧螺栓，滚珠轴承（608ZZ，2 个）组成，如图 2-74 所示。安装完成后如图 2-75 所示。使用上述零部件，完成 3D 打印机耗材架的安装。

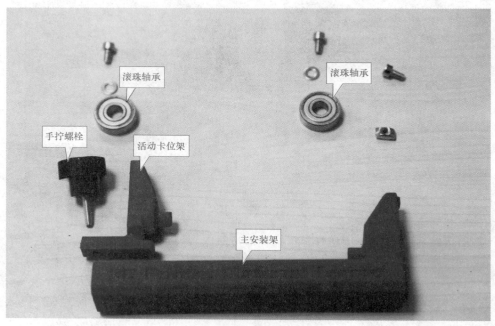

图 2-74　安装耗材架的零部件

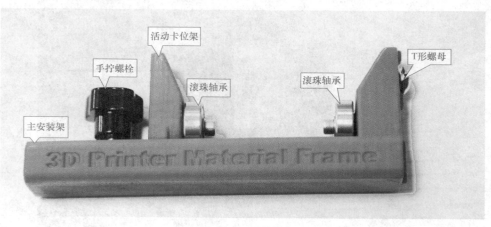

图 2-75　耗材架

任务实施

　　1）如图 2-76 所示，将一个滚珠轴承通过螺栓和垫片固定到活动卡位架上，螺栓拧紧后，要使滚珠轴承可以自由转动；如果拧得太紧，导致滚珠轴承滚动受阻，就稍微将螺栓拧松一点。手拧螺栓拧入活动卡位架底部的安装孔中，一直拧到螺栓从卡位架底面露出来一点。

图 2-76　安装活动卡位组件

2）如图 2-77 所示，将另一个滚珠轴承安装到主安装架上，螺栓拧紧，但不要妨碍滚珠轴承自由转动。

图 2-77　在主安装架上安装滚珠轴承

3）如图 2-78 所示，将活动卡位架装入主安装架的滑槽中使活动卡位架能够在滑槽中自由地前后移动，拧动手拧螺栓可以将活动卡位架固定在任意位置。至此，耗材架安装完毕。

图 2-78　将活动卡位架装入主安装架的滑槽中

任务 11　3D 打印机整机安装

任务描述

3D 打印机的整机安装包括主板模块安装、面板模块安装、面板模块与主板模块连接、侧置风扇模块安装、电源板模块安装、耗材架安装、挤出机模块安装、接线坞模块安装、卡线器安装、工具架安装、顶置风扇模块安装、顶部提手安装、同步带安装、推杆模块安装、打印头模块安装、铭牌模块安装、热床及固定模块安装、铁氟龙耗材导管安装等部分。

任务实施

1）如图 2-79 所示，将主板模块用 2 根螺栓（M4×8mm）和 2 个 T 形螺母（M4）安装到

图 2-79　主板模块安装

机架的下三角结构中，主板模块居中，拧紧螺栓即可。主板模块和机架的位置关系如图 2-80 所示。

图 2-80　主板模块和机架的位置关系

2）如图 2-81 所示，将面板模块用 2 根螺栓（M4×8mm）和 2 个 T 形螺母（M4）安装到机架的下三角结构外面，正对主板模块，使面板模块的两根连接线从机架下三角结构的两根铝型材中间穿进去。

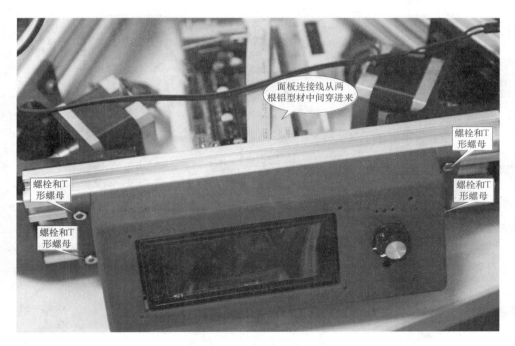

图 2-81　面板模块安装

3）如图 2-82 所示，将 2 个面板连线插头插到 LCD&SD 插座上，左边是插头 2，右边是插头 1，不能插错位置。

图 2-82　将 2 个面板连线插头插上

4）如图 2-83 所示，将左侧风扇模块用 3 根螺栓（M4×8mm）和 3 个 T 形螺母（M4）安装到机架左侧，侧面安装架要尽量保持水平。

图 2-83　左侧风扇模块安装

5）如图 2-84 所示，将右侧风扇模块用 3 根螺栓（M4×8mm）和 3 个 T 形螺母（M4）安装到机架右侧；再用左右侧风扇模块的连接架将两个侧置风扇模块连起来，连接架用 1 根螺栓（M4×8mm）和 1 个 T 形螺母（M4）固定到机架上。

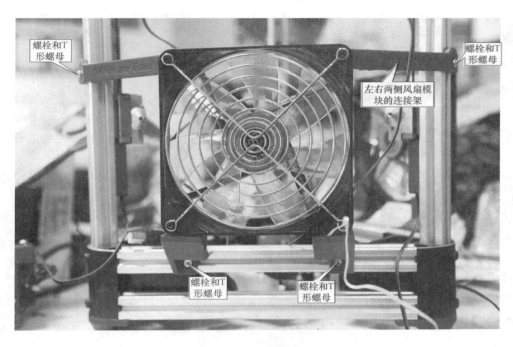

图 2-84　右侧风扇模块安装

6）如图 2-85 所示，将电源板模块用 4 根螺栓（M4×8mm）和 4 个 T 形螺母（M4）安装在机架左侧风扇模块下方，拧紧螺栓，使电源板模块后面的电线从机架下三角结构的两根铝型材中间穿进去。

图 2-85　电源板模块安装

7）如图 2-86 所示，将耗材架用 1 根螺栓（M4×8mm）和 1 个 T 形螺母（M4）安装到机架后侧，高度以放入耗材盘后盘边缘离桌面 3~5cm 为宜。

图 2-86　耗材架安装

8）如图 2-87 所示，将挤出机模块用螺栓（M4×8mm）和 T 形螺母（M4）安装到机架后侧，挤出机模块的下缘比侧风扇模块的上缘高。

图 2-87　挤出机模块安装

2

PROJECT

9）如图 2-88 所示，将接线坞模块用 2 根螺栓（M4×8mm）和 2 个 T 形螺母（M4）安装在机架下三角结构后缘上侧，靠近右侧风扇模块的位置，拧紧螺栓即可。

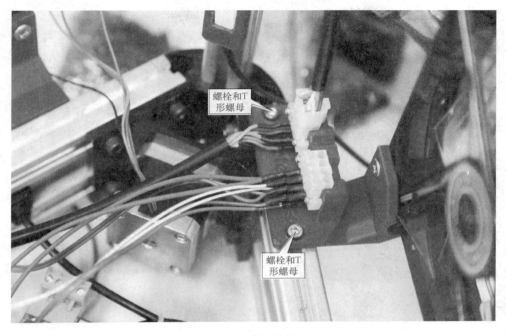

图 2-88　接线坞模块安装

10）如图 2-89 所示，用 4 根螺栓（M4×12mm）和 4 个 T 形螺母（M4）将 5010 散热风扇安装到机架下三角结构右边内侧，拧螺栓时不可用力过度，以免压坏风扇的塑料外壳。

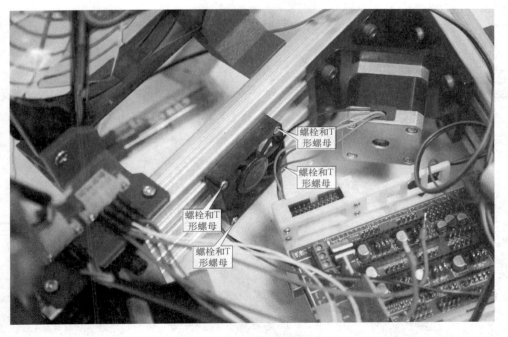

图 2-89　5010 散热风扇安装

2

PROJECT

11）卡线器是一个单独零件，用于卡住电源线，提高电源可靠性。如图 2-90 所示，用 2 根螺栓（M4×8mm）和 2 个 T 形螺母（M4）将卡线器固定在电源板模块的左侧，拧紧螺栓即可。

螺栓和T形螺母

图 2-90　卡线器安装

12）如图 2-91 所示，将工具架用 1 根螺栓（M4×8mm）和 1 个 T 形螺母（M4）固定到机架上，位置高于右侧风扇侧安装架，拧紧螺栓即可。注意，下面的螺栓可以通过工具架下面预留的安装孔安装。

螺栓和T形螺母

通过这个孔可以安装一根螺栓和T形螺母

图 2-91　工具架安装

13）如图 2-92 所示，将顶置风扇用 4 根螺栓（M4×8mm）和 4 个螺母（M4）安装在机架的上三角结构内部，注意区分机架的前后方向。

图 2-92 顶置风扇模块安装

14）顶部提手是单独零件，如图 2-93 所示，每个提手用 2 根螺栓（M5×12mm）和 2 个 T 形螺母（M5）固定在机架上三角结构的左右侧，一边一个提手，拧紧螺栓即可。

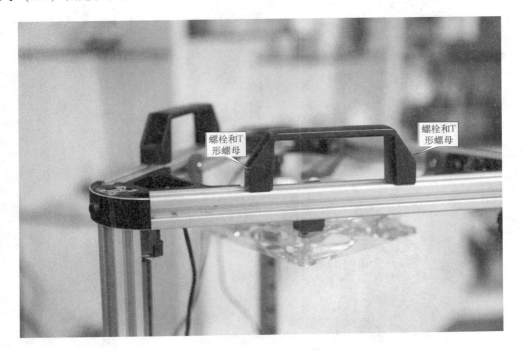

图 2-93 顶部提手安装

15）面板是单独零件，如图 2-94 所示，用 6 根自攻螺钉（M3×8mm）将面板固定在面板模块前面，面板模块上有相应的螺栓孔，拧紧螺栓即可。

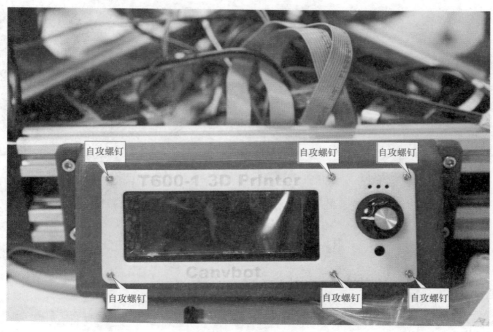

图 2-94　面板安装

16）同步带的安装如图 2-95 所示进行。首先，将同步带的一端压紧在锁紧装置内，之后再将另一端调好，压紧在锁紧装置内即可。

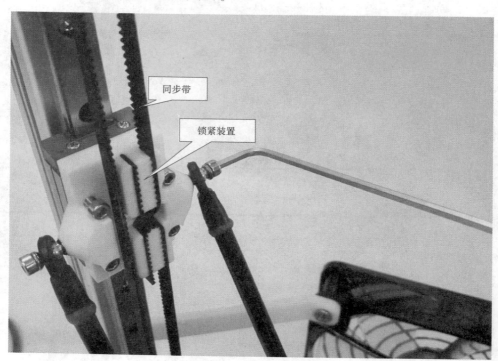

图 2-95　同步带安装

17）如图 2-96 所示，用 2 根螺栓（M3×16mm）和弹簧垫将推杆的一端（任意一端）固定到滑车上，拧紧螺栓即可。共有 3 个滑车、3 对推杆需要固定，没有顺序要求。

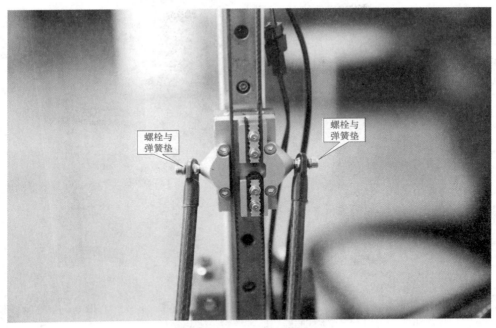

图 2-96 推杆模块安装

18）如图 2-97 所示，用 6 根螺栓（M3×16mm）和弹簧垫将 3 对推杆固定到打印头模块的推杆连接器上，注意一对推杆和一个滑车对应，不能错位，没有顺序要求。安装打印头时，打印头的前面和机架的前面对应，拧紧螺栓即可。

图 2-97 打印头模块安装

19）如图 2-98 所示，将铭牌模块用 2 根螺栓（M4×8mm）和 2 个 T 形螺母（M4）安装到机架上三角结构前面的铝型材横梁中间位置，拧紧螺栓即可。

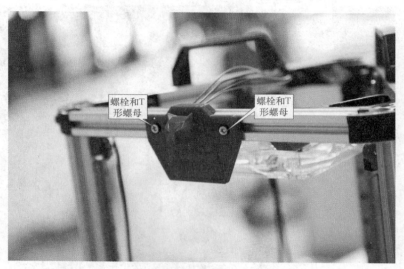

图 2-98　铭牌模块安装

20）如图 2-99 所示，将热床插座用 2 根螺栓（M4×8mm）和 2 个 T 形螺母（M4）安装在机架下三角结构左边内侧，拧紧螺栓即可。

图 2-99　热床插座安装

21）如图 2-100 所示，将 3 个热床固定模块用 6 根螺栓（M4×12mm）和 6 个 T 形螺母（M4）固定在机架下三角结构的铝型材上侧，每个热床固定模块都居中安装，拧紧螺栓即可。热床固定模块安装好后，将热床用三个热床固定模块夹住即可。

注意，热床的安装方法为：先用热床的边缘将热床固定模块上的张力弹簧用力按下去；然后向里推，即可将热床夹进去，不用松开热床压片的定位螺钉。

22）如图 2-101 所示，安装铁氟龙导管，铁氟龙导管的内、外径分别为 2mm 和 4mm，长度均为 600mm，两头插入气动快接中，一定插到底，直到不能再插入为止。

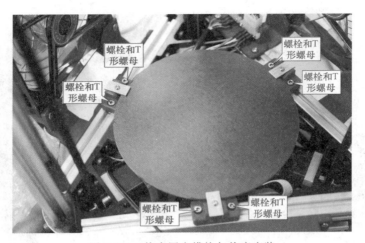

图 2-100 热床固定模块与热床安装

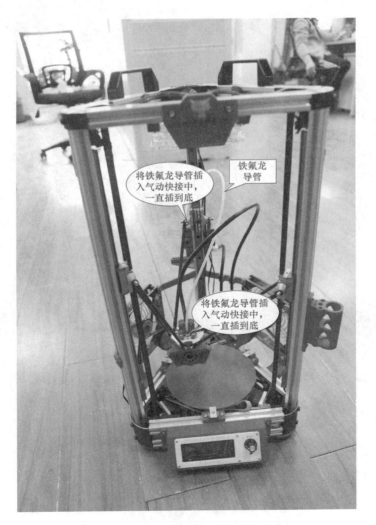

图 2-101 安装铁氟龙导管

23）至此，整机已经安装完成，如图 2-102 所示。

图 2-102　安装好的整机

知 识 拓 展

一、3D 打印概述

3D 打印技术实际上是一种增材制造技术，可以在保证质量的基础上提高生产效率，并且避免原材料的浪费，尤其是在稀缺、昂贵的材料使用方面，3D 打印技术的应用更凸显了其价值。

在 3D 打印中，金属材料的打印难度是最高的，这是由于金属的熔点较高，并且在打印过程中金属液体会发生固液相变，还包括了表面散热、传导等多个物理过程，此外还需要顾全成形的产品是否组织良好、整体是否均匀光滑等。因此，在利用 3D 打印技术时必须配合使用激光技术，需要注意的参数包括激光的功率和能量分布、激光焦点的移动速度和路径、加料速度等，各参数符合要求才能使打印出来的成品更加完美。

日常生活中使用的普通打印机可以打印电脑设计的平面产品，3D 打印机与普通打印机工作原理基本相同，只是打印材料有些不同，普通打印机的打印材料是墨水和纸张，而 3D 打印机内装有金属、陶瓷、塑料、砂等不同的"打印材料"，是实实在在的立体原材料 3D 打印机与电脑连接后，电脑通过控制可以把"打印材料"一层层叠加起来，最终把计算机上的蓝图变成实物。通俗地说，3D 打印机是可以"打印"出真实的三维物体的一种设备，比如打印机器人、打印玩具车、打印各种模型，甚至打印食物等。通俗地称其为"打印机"是参照了普通打印机的技术原理，因为分层加工的过程与喷墨打印十分相似，这项打印技术称为 3D 打印技术。

3D 打印存在着许多不同的技术类型，它们的不同之处在于以可用的材料的方式，并以不同层构建创建部件。3D 打印常用材料有尼龙玻纤、聚乳酸、ABS 树脂、耐用性尼龙材料、石膏材料、铝材料、钛合金、不锈钢、镀银、镀金、橡胶类材料等。

二、3D 打印的基本过程

1. 三维设计

三维打印的设计过程：先通过计算机建模软件建模，再将建成的三维模型"分区"成逐层的截面，即切片，从而指导打印机逐层打印。

设计软件和打印机之间协作的标准文件格式是 STL 文件，一个 STL 文件使用三角面来近似模拟物体的表面，三角面越小其生成的表面分辨率越高。PLY 是一种通过扫描产生的三维文件，其生成的 VRML 或者 WRL 文件经常被用作全彩打印的输入文件。

2. 切片处理

3D 打印机通过读取文件中的横截面信息，用液体状、粉状或片状的材料将这些截面逐层地打印出来，再将各层截面以相应方式黏合起来，从而制造出一个实体。这种技术的特点在于其几乎可以造出任何形状的物品。

3D 打印机打出的截面的厚度（即 Z 方向）以及平面方向（即 X-Y 方向）的分辨率是以 dpi（像素/in）或者 μm 来计算的。一般的厚度为 $100\mu m$，即 0.1mm；也有部分打印机，如 ObjetConnex 系列，还有 3D Systems ProJet 系列可以打印出 $16\mu m$ 薄的一层。而平面方向则可以打印出和激光打印机相近的分辨率。打印出来的"墨水滴"的直径通常为 $50\sim100\mu m$。用传统方法制造出一个模型通常需要数天，具体根据模型的尺寸以及复杂程度而定。而用 3D 打印技术则可以将时间缩短为数个小时，当然也是由打印机的性能以及模型的尺寸和复杂程度而定的。

2

PROJECT

传统的制造技术，如注塑法，可以以较低的成本大量制造聚合物产品，而3D打印技术则可以以更快、更有弹性以及更低成本的办法生产数量相对较少的产品。一个桌面尺寸的3D打印机就可以满足设计者或概念开发小组制造模型的需要。

3. 完成打印

3D打印机的分辨率对大多数应用来说已经足够（形成的弯曲表面可能会比较粗糙，像图像上的锯齿一样），要获得更高分辨率的物品可以尝试如下方法：先用当前的3D打印机打印出稍大一点的物体，再稍微进行表面打磨，即可得到表面光滑的"高分辨率"物品。

有些3D打印技术可以同时使用多种材料进行打印。有些打印技术在打印的过程中还会用到支承物，比如打印一些有倒挂状结构的物体时就需要用到一些易于除去的东西（如可溶的材料）作为支承物。

三、3D打印的限制因素

1. 材料的限制

虽然高端工业印刷可以实现塑料、某些金属以及陶瓷材料的打印，但无法实现打印的材料都是比较昂贵和稀缺的。另外，打印机也还没有达到成熟的水平，无法支持日常生活中所接触到的各种各样材料的打印。

目前，3D打印技术在多材料打印上已经取得了一定的进展，但除非这些技术达到成熟并且有效，否则材料依然会是3D打印的一大障碍。

2. 机器的限制

3D打印技术在重建物体的几何形状和机能上已经达到了一定的水平，几乎任何静态的形状都可以被打印出来，但是那些运动的物体和较高的清晰度就难以实现了。这个问题对于制造商来说也许是可以解决的，但是3D打印技术想要进入普通家庭，使每个人都能随意打印想要的东西，那么机器这一限制就必须得到解决才行。

3. 知识产权的忧虑

在过去的几十年里，音乐、电影和电视产业对知识产权的关注变得越来越多。3D打印技术也会涉及这一问题，因为现实中的很多东西都会因此得到更加广泛的传播。人们可以随意复制任何东西，并且数量不限。如何制定3D打印的相关法律法规来保护知识产权，也是我们面临的问题之一，否则就会出现产品泛滥的现象。

4. 道德的挑战

道德是底线。什么样的东西会违反道德规律是很难界定的。比如，如果有人打印出生物器官和活体组织，这在不久的将来会遇到极大的道德挑战。

5. 花费的承担

3D打印技术需要承担的花费是高昂的。如果想要普及大众，降价是必须的，但又会与成本形成冲突。每一种新技术诞生初期都会面临着类似的障碍，但找到合理的解决方案后，3D打印技术的发展将会更加迅速，就如同任何渲染软件一样，不断地更新才能实现最终的完善。

任务训练与考核

1. 任务训练

完成T600并联臂3D打印机的装配。要求掌握3D打印机的组成、装配、布线，了解3D打印机的调试与维护、故障分析及处理，拓展3D打印机的二次开发设计。

2. 任务考核

考核目标	考核内容	参考分值	考核结果	考核人
素质目标考核	遵守规则	10		
	课堂互动	10		
	团队合作	10		
知识目标考核	3D打印机的组成	10		
	3D打印机的装配	20		
	3D打印机的布线	10		
能力目标考核	3D打印机的调试与维护	10		
	3D打印机的故障分析及处理	10		
	3D打印机的二次开发设计（拓展）	10		
总计				

2

PROJECT

参 考 文 献

［1］ 徐淑华. 电工电子技术 ［M］. 4 版. 北京：电子工业出版社，2017.

［2］ 高桥隆雄. 青少年无人机制作指南——STEAM & 创客教育实践课程 ［M］. 陈刚，译. 北京：北京科学
技术出版社，2017.

［3］ Amit Bandyopadhyay, Susmita Bose. 3D 打印技术与应用 ［M］. 王文先，葛亚琼，崔泽琴，等译. 北京：
机械工业出版社，2017.

［4］ 刘治伟. 装配钳工工艺学 ［M］. 北京：机械工业出版社，2009.